Liqing Hunningtu Lumian Xianwei Fengceng Jishu

沥青混凝土路面纤维封层技术

刘书祥　王林山　编著

人民交通出版社股份有限公司
China Communications Press Co.,Ltd.

内 容 提 要

我国对纤维封层的研究属起步阶段，还没有形成完整的设计理论体系，对配合比设计、施工工艺和质量管理的探讨也有待加强。因此，全面探讨纤维封层在沥青路面建设和养护中的应用技术是十分必要和迫切的。

本书通过对国内外纤维封层技术的调研分析，从玻璃纤维和玄武岩纤维性能比较研究，纤维封层的技术原理、材料技术要求与配比设计研究，纤维封层使用性能研究、试验路施工工艺及质量评定标准研究，纤维封层试验路性能的长期观测与经济性分析六个方面对沥青混凝土路面纤维封层技术做了详细阐述。

本书适用于沥青路面施工、养护人员参考使用，也可作为公路技术人员认知纤维封层技术的参考书。

图书在版编目(CIP)数据

沥青混凝土路面纤维封层技术 / 刘书祥，王林山编著.
— 北京：人民交通出版社股份有限公司，2014.8
ISBN 978-7-114-11673-5

Ⅰ.①沥… Ⅱ.①刘…②王… Ⅲ.①沥青混凝土—沥青面层—封层—研究 Ⅳ.①U418-6

中国版本图书馆 CIP 数据核字(2014)第 195675 号

书　　名：沥青混凝土路面纤维封层技术
著 作 者：刘书祥　王林山
责任编辑：刘　倩　薛　民
出版发行：人民交通出版社股份有限公司
地　　址：(100011)北京市朝阳区安定门外外馆斜街 3 号
网　　址：http://www.ccpress.com.cn
销售电话：(010)59757973
总 经 销：人民交通出版社股份有限公司发行部
经　　销：各地新华书店
印　　刷：北京市密东印刷有限公司
开　　本：720×960　1/16
印　　张：7.25
字　　数：139 千
版　　次：2014 年 8 月　第 1 版
印　　次：2014 年 8 月　第 1 次印刷
书　　号：ISBN 978-7-114-11673-5
定　　价：25.00 元

前　言

随着高等级公路的大量修建，半刚性类材料以其优良的工程性能和显著的经济效益在我国公路建设中得到了广泛的应用，并在公路建设中越来越占有特殊的重要地位。然而，半刚性材料的缺点在于抗变形能力低，在温度、湿度变化时易产生裂缝，当沥青面层较薄时易形成反射裂缝，沥青路面本身也易产生低温裂缝，沥青路面一旦出现裂缝，有可能导致路面结构性破坏，影响路面的使用功能。

沥青路面开裂是世界各国沥青路面使用中均会遇到的主要病害之一，无论是冰冻地区，还是非冰冻地区都可能发生，只是各自的裂缝严重程度不同而已。沥青路面开裂的原因和裂缝的形式是多种多样的，如何认识沥青路面开裂机理、阻止或延缓裂缝的发展，延长沥青路面使用寿命是工程上的难题。

此外，随着高速公路通车里程的增加，高速公路的养护维修显得越来越重要。高速公路沥青路面的早期破坏，路面使用功能的急速衰减，实际使用年限降低等问题的出现，对高速公路养护技术提出了新的要求，迫切需要新的技术和新的方案。

纤维封层技术是指采用纤维封层核心设备同时洒（撒）布沥青黏结料和玻璃纤维，然后在上面撒布碎石经碾压后形成新的磨耗层或者应力吸收中间层的一种新型道路建设施工和养护技术。经过专门工艺破碎切割的纤维在上下两层均匀洒布的沥青结合料中呈乱向均匀分布，相互搭接，与沥青混合料形成网络缠绕结构，有效地提高了封层的抗拉、抗剪、抗压和抗冲击强度等综合力学性能，特别适用于旧沥青路面（或新建路基）、面层层间应力吸收中间层和原有旧沥青路面耐磨层施工，对新旧沥青道路建设及养护起到有效的保护作用，更能延长其养护周期及服务寿命。

深入研究和应用纤维封层技术，开发新的纤维类型，针对不同的场合确定不同的技术方案、技术标准和质量控制体系，对该技术的推广应用具有十分重要的意义，同时对提升公路建设和养护水平也有重要的应用价值。

纤维封层在欧美国家已经有了较成熟的应用技术经验，其优良的结构性能非常适合我国南方地区降水多和雨季长以及北方低温季节长的气候特点。该技术既适用于高速公路、一级和二级公路，又适用于城市道路、乡村和市郊公路。

美国 LTPP❶1999 年对 40 个州的沥青路面调查结果显示，纤维封层在 33 个州的沥青路面预防性养护中得到应用；澳大利亚约有 25 万 km 的公路采用纤维封层作为磨耗层；在欧洲有 95% 以上的公路采用纤维封层技术进行路面养护。

目前，我国许多公路都采用碎石封层技术。湖南省从 2005 年开始，在常张（常德—张家界）高速公路水泥稳定碎石基层顶面修筑了碎石下封层试验路，2007 年分别在邵怀（邵阳—怀化）高速公路沥青路面路段和怀新（怀化—新晃）高速公路全线采用了碎石下封层，大大提高了封水效果和防反射裂缝的功能。2007 年，北京埃盟泰公司将纤维封层这一技术首次引进中国，并在辽宁省境内首次完成了纤维封层试验路。

总体来说，我国对纤维封层的研究还属起步阶段，尚未形成完整的设计理论体系，对配合比设计、施工工艺和质量管理的探讨也有待加强。目前，对于纤维封层配合比的试验技术规定相对缺乏，主要依靠经验；施工工艺和质量管理一般参照国外和现有的类似规范；纤维类型的选择比较单一，主要是采用玻璃纤维，但玻璃纤维的耐腐性性能较差这一问题并未得到相应的重视。因此，全面探讨纤维封层在沥青路面建设和养护中的应用技术是十分必要和迫切的。

本书在编写过程中得到了交通运输部公路科学研究院副院长常行宪先生，人民交通出版社股份有限公司公路职业教育出版中心主任卢仲贤先生、副主任丁润铎先生，河北交通职业技术学院教授田平先生和马艳芹女士、副教授张庆宇先生，吉林大学博士向一鸣先生及河北路桥集团有限公司总工程师平长德先生的大力支持与帮助，在此深表谢意。

由于作者水平所限，难免有不当之处，敬请读者批评指正。

作者

2014 年 6 月

---

❶ LTPP：路面长期使用性能研究计划。

目　录

1 国内外纤维封层技术的调研分析

纤维封层技术是指采用纤维封层核心设备同时洒(撒)布沥青黏结料和玻璃纤维,然后在上面撒布碎石经碾压后形成新的磨耗层或者应力吸收中间层的一种新型道路建设施工和养护技术。经过专门工艺破碎切割的纤维在上下两层均匀洒布的沥青结合料中呈乱向均匀分布,相互搭接与沥青混合料形成网络缠绕结构,有效地提高了封层的抗拉、抗剪、抗压和抗冲击强度等综合力学性能,特别适用于旧沥青路面(或新建路基)、面层层间应力吸收中间层和原有旧沥青路面耐磨层施工,对新旧沥青道路建设及养护起到有效的保护作用,更能延长其养护周期、提高服务寿命。

1.1 国外研究现状

纤维封层技术在英国、美国、澳大利亚、法国等国家都已得到普遍应用。国外已对纤维封层进行了多年的实验室研究。美国德州 A&M 大学一直在宾夕法尼亚州及德克萨斯州进行纤维封层的相关研究,并在宾夕法尼亚州设置了检测段,澳大利亚新南威尔士州的公路运输厅自 20 世纪 90 年代起一直对纤维封层路段进行现场的性能跟踪观察,一致的试验结果数据以及现场评估观察均表明纤维封层能大大延长路面的服务寿命,减少病害,并能提供很好的防水性能。其检测结果为:

(1)抗拉强度增大 30% 以上;

(2)抗疲劳性能增大 30% 以上;

(3)抗轮距裂缝性能增大 300% 以上。

纤维封层技术和设备是由曾拥有 40 多年公路建设和养护经验的法国赛格玛公司发明的。该技术首先被法国公路总署采纳,并应用于整个法国及其他欧洲国家,在南美洲、北美洲、亚洲、非洲、澳洲的数十个国家和地区的道路建设和养护中,已经成功地施工了成百上千万平方米的纤维封层。根据相关研究,纤维封层具有以下优点:

(1)良好的应力吸收和分散能力。由于纤维本身高抗拉伸强度和高弹性模量值的特性,纤维封层的网络缠绕结构有效地提高了封层的抗拉、抗剪、抗压和抗冲击强度。纤维封层可用作应力吸收层,铺设于旧沥青面层与新沥青面层或新建路基和新建沥青面层之间作为黏结层,具有极高的张力与弹力及对外界应力超强的吸收和分散功能,极大地提高了道路的使用寿命。

(2)高耐磨性。纤维封层最后一道工序是碎石集料撒布,撒布后的集料进入由纤维与沥青结合料形成的网状结构中,压实成型后集料被结合料网状结构紧紧裹缚,形成了一个复合的力学嵌锁体系,有效抑制了骨料的滑移脱落。因此,采用纤维封层用于沥青路面磨耗层能够极大地提高路面的耐磨性,延长使用寿命。

(3)高防水性。北方寒冬季节里,纤维封层因为高弹性模量值,延伸力强,其抗拉强度远远大于温度变化带来的收缩拉应力或拉应变,降低了面层的低温脆裂性,能够有效抑制沥青道路低温收缩裂缝的产生,避免了水的破坏。

(4)良好的稳定性。纤维封层的结构物料相互作用的致密网络缠绕结构,提高了封层的密闭性,结构中起到加筋和桥接作用的纤维对于前后两层沥青结合料起到极强的吸附作用,在原有路面上形成致密的保护膜,提高了道路在使用过程中的稳定性。

(5)施工快捷性。最新研制的纤维封层车,在一台设备上同时完成两层沥青与一层纤维撒布,随后碎石撒布车马上进行一层碎石撒布,即刻完成纤维封层施工。这种连续施工工艺大大地缩短了施工时间,缩短了开放交通的时间。

纤维封层技术在美国、澳大利亚、法国等国家被广泛应用于道路的磨耗层、面层和路面的预防性养护。纤维封层在欧美国家已经有了成熟应用技术经验,其优良的结构性能非常适合我国南方地区降水多和雨季长的气候特点。该技术既可适用于高速公路、一级和二级公路,又可适用于城市道路、乡村和市郊公路,而且被公认为世界上能耗最低的路面养护技术,在欧美等发达国家是新建或改建乡村公路的首选方案。

从20世纪80年代起纤维封层技术开始在法国被大规模采用,20世纪90年代传播到欧洲及美国,还在俄罗斯、印度、非洲、澳洲等10多个国家和地区得到推广使用。据统计,在欧洲有95%以上的公路均采用这项技术进行养护。美国LTPP1999年对40个州的沥青路面调查结果显示,纤维封层在33个州的沥青路面预防性养护中得到应用,普及程度在各养护措施中排第四位。澳大利亚约有25万km的公路采用纤维封层作为磨耗层,法国每年纤维封层施工面积约3.5亿m^2。

据统计,在欧洲有95%以上的公路均采用纤维封层技术进行路面养护,在美国,据记载,纤维封层可延长路面使用寿命10年以上。澳大利亚有关机构研究表明、纤维封层能使损坏比较严重的道路寿命增加10~15年。

1.2 国内研究现状

北京埃盟泰公司将纤维封层这一创新技术首次引进中国,为国内筑养路业界带来了又一新技术。2007 年 6 月底，该公司相关技术人员偕同法国赛格玛专家对辽宁省营口公路处的操作人员进行了详细的指导培训，成功完成了法国赛格玛纤维封层设备的调试，并在辽宁省境内首次成功完成了纤维封层试验路及大规模施工。

2007 年 6 月，营口市公路管理段引进了纤维封层设备和技术，并且根据辽宁省高速公路管理局统一安排，分别在抚顺地区的沈通线、沈环线，大连地区的鹤大线、普兰店熊城线，营口地区的帕水线、新后线、上白线进行了试用，面积达 56 万 m^2。实践证明，该设备和技术引进成功，效果显著。安排纤维封层新技术试验，通过推广应用新科技，部分路段在交通量大、重型车辆较多的情况下，仍然保持着良好的路况质量，为国家节省了大量的公路大修建设资金，最大限度地提高了公路的使用寿命。

目前，在我国许多公路都采用碎石封层技术，湖南省在高速公路建设中采用了碎石下封层的技术，取得了良好的效果，提高了该省高速公路沥青路面的使用品质和使用寿命。

湖南省从 2005 年开始，在常张高速公路水泥稳定碎石基层顶面修筑了碎石下封层试验路，2007 年分别在邵怀高速公路沥青路面路段和怀新高速公路全线采用了碎石下封层，大大提高了封水效果和防反射裂缝的功能。通过这些路段的实施，湖南省总结了较多的施工关键技术和施工质量控制指标和方法。

为引进碎石封层技术，辽宁省公路管理局 2002 年 5 月组织专人赴法国实地考察碎石封层技术，同年 8 月份引进一台碎石封层机，9 月份在国省干线铺筑了近 10 万 m^2 的碎石封层路段。据在场法国专家讲，试验路效果已超过法国的水平。

沈阳三鑫公路工程公司引进国外已成熟的碎石封层技术，并对该技术进行了大量的试验研究及路试工作，取得了一定的成果。在引进消化吸收碎石封层技术的过程中，经过调查研究，结合北方地区公路气候等特点，该公司研制了一种新的沥青添加剂，并进行了大量的室内试验研究和试验路铺筑。研究结果表明，该项技术具有较好的环境保护效果，具有明显的经济效益和推广应用价值。

2008 年，大连市在 G201 国道 K1547 + 800 ~ K1552 + 800（鹤大线）上铺设了 5km 试验段，取得了比较好的应用效果。实施纤维封层后，原路面的网裂在一年内反射到新路面上的面积不超过原路面网裂面积的 5%，其构造深度（TD 值）要大于 0.55mm（通车后行车道内的最小值）。

2008 年，锦州市开始探索实施纤维封层技术，首次在 102 线黑山段胡家至半拉门 25km 路段做了应力吸收层，取得了非常好的效果。通过两年的使用，与传统碎石封层对比，纤维封层没有出现“脱皮”和“滑移”现象，路面的反射裂缝也没有出现。

2009 年在沈苏线上应用了纤维封层技术，经过几个月的观察，也取得了很好的效果。

2010 年 4 月中旬，上海市浦东新区惠南镇首次在上海使用纤维封层技术，全长 22.33km，合计使用 30 万 m^2。

1.3 玻璃纤维与玄武岩纤维性能比较研究

1.3.1 玄武岩纤维简介

玄武岩纤维是采用组分相近的玄武岩高温熔制而成的一种高性能无机纤维。以纯天然玄武岩矿石为原料，将矿石破碎后放进池窑中，经 1450 ~ 1500℃的高温熔融后，通过喷丝拉拔伸成连续纤维。玄武岩是由岩浆形成的基本矿石，因此，玄武岩连续纤维的制造省去了多种原料配料过程，同时玄武岩在池窑熔化过程中没有硼和其他碱金属氧化物析出，在池炉排放的烟尘中无有害物质，是 21 世纪又一种新型的环保纤维。

1.3.2 玄武岩纤维技术特点

(1)玄武岩纤维具有突出的拉伸强度、较高的弹性模量及适宜的断裂延伸率；端部有明显的凸起，似“触角”状；结构密实，表面浸润性好，吸持沥青能力较好；极低的吸水率，避免纤维沥青界面因水分浸蚀膨胀；突出的耐热性能，在高温条件具有完整的力学性能，可作为阻燃材料应用于隧道等封闭结构施工；在高湿度、酸、碱类介质结构中具有良好的化学稳定性。

(2)玄武岩纤维作为沥青混凝土的路用纤维，纤维掺量和纤维类型对增强效果影响较大。依据纤维对沥青混合料高低温性能的影响、拌和分散性和经济上的合理协调，宜采用掺量为 0.25%、13μm/4.5mm、经膨化处理及特定浸润剂处理的玄武岩纤维增强沥青混凝土。

(3)在沥青胶浆中加入玄武岩纤维，起到“增弹”、“增韧”及“增强”作用。在高温条件下表现出较好的弹性性质，增大弹性变形、延迟弹性变形，减小不可逆的永久变形；在低温条件下表现出较好的柔韧性，减小低温开裂可能性；常温时具有异常突出的抗冲击破坏能力和疲劳耐久性能。

(4)在沥青混凝土中加入合适剂量的玄武岩纤维，可显著提高混凝土的常规性能，尤其是疲劳开裂性能，同时其效果比目前常用的木质素纤维和聚酯纤维好。

1.3.3 玻璃纤维简介

玻璃纤维是一种性能优异的无机非金属材料，成分为二氧化硅、氧化铝、氧化钙、氧化硼、氧化镁、氧化钠等。它是以玻璃球或废旧玻璃为原料经高温熔制、拉丝、络纱、织布等工艺最后形成各类产品,玻璃纤维单丝的直径从几个微米到二十几个微米,相当于一根头发丝的1/20~1/5,每束纤维原丝都由数百根甚至上千根单丝组成,通常作为复合材料中的增强材料、电绝缘材料和绝热保温材料、电路基板等、广泛应用于各个领域。

1.3.4 玻璃纤维技术特点

(1)玻璃纤维特性。玻璃在一般人的观念里为质硬易碎物体,并不适合做结构用材,但如其抽成丝后,则其强度大为增加且具有柔软性,故配合树脂赋予形状以后,可以成为优良的结构用材。玻璃纤维随其直径变小,其强度增高,作为补强材料,玻璃纤维具有以下10个方面的特点,这些特点使玻璃纤维的使用远较其他种类纤维来得广泛,发展速度也遥遥领先。

①拉伸强度高,伸长率小(3%);

②弹性系数高,刚性佳;

③弹性限度内伸长量大且拉伸强度高,故吸收冲击能量大;

④为无机纤维,具不燃性,耐化学性佳;

⑤吸水性小;

⑥尺度安定性、耐热性均佳;

⑦加工性佳,可做成股、束、毡、织布等不同形态的产品;

⑧透明,可透过光线;

⑨与树脂接着性良好,由表面处理剂开发完成;

⑩价格便宜。

(2)玻璃纤维应用于沥青道路有以下4个方面的特点。

①抗疲劳开裂。沥青路面必须具有一定的承载能力,在规定的时间内不能发生疲劳破坏。沥青路面在直接与车轮接触的下面层受到压力,在轮载边缘以外的区域,面层受到拉力作用,由于两处受力区域所受力性质不同,而又彼此紧靠,因此,在两块受力区域的交界处即力的突变处发生破坏,在长期荷载的作用下,发生疲劳开裂。玻璃纤维土工格栅在沥青面层中,能够将上述的压应力与拉应力分散,在两块受力区域之间形成缓冲带,减少了应力突变对沥青面层的破坏。同时,玻璃纤维土工格栅的低延伸率减少了路面的弯沉量,保证了路面不会发生过度变形。

②耐高温车辙。沥青混凝土在高温时具有流变性,在车辆荷载作用下,受力区域产生凹陷,且在车辆荷载撤除后,沥青面层无法完全恢复原状,即产生了塑性变形。在车辆反复碾压的作用下,塑性变形不断积累,形成车辙。通过沥青面层结构分析可知,高温下的沥青混凝土在受到荷载的碾压作用后,形成了微量的波形流

变，面层中没有任何可以约束沥青混凝土流变的骨架材料，造成沥青面层流变的累积叠加，这是形成车辙的根本所在。在沥青面层中使用玻璃纤维土工格栅，其在沥青面层中起到骨架作用，沥青混凝土中集料贯穿于格栅间，形成复合力学嵌锁结构，限制集料运动，增加了沥青面层中的横向约束力，沥青面层中各部分彼此牵制，阻止了沥青面层的推移，从而起到阻止车辙的形成作用。

③抗低温缩裂。天气寒冷时，沥青混凝土面层遇冷空气收缩，产生拉应力，在受到荷载反复作用之后，拉应力进一步增加，当拉应力超过沥青混凝土拉伸强度时，产生裂纹，裂纹两端处，拉应力更加集中，裂纹逐步形成裂缝，造成路面病害。将玻璃纤维土工格栅置于沥青中，使得沥青混凝土的拉伸强度大大提高，足够抵抗住较大的拉应力而不致发生路面破坏，即使因为局部区域产生微小裂纹或裂纹处出现应力集中，也会经玻璃纤维土工格栅的传递而消失，裂纹不会发展成裂缝。

④延缓反射裂缝。裂缝产生的反射有两种，一种是面层产生裂缝后，裂缝向下反射，破坏下层结构，降低路面结构强度，在雨水时节，水进入裂缝中，在交通荷载（轮胎压力）的反复作用下，水在裂缝中产生水压，水不断地冲击沥青混合料，导致裂缝扩大。另一种是旧面层原有裂缝以及路基层或下层路基层产生的裂缝向上反射，新罩路面无法承受因底层移动而产生的剪切应力和拉伸应力，导致路面面层出现裂缝。在沥青罩面层中加铺玻璃纤维土工格栅夹层，抑制应力，释放应变，增强沥青混凝土整体强度，达到防止裂缝向上或向下反射的目的。玻璃纤维土工格栅的优良特性和特殊的表面处理，其作用有以下 3 种：

a. 在石灰土基层表面铺设玻璃纤维土工格栅，可增强基层的整体强度。再喷洒一层重油热沥青（或黏层油）起防水作用，它能有效阻止雨水对石灰土基层面的浸蚀，从而延长石灰土基层的使用寿命。

b. 玻璃纤维土工格栅能有效阻止石灰土基层因疲劳开裂、低温收缩开裂等引起的沥青路面反射裂缝。

c. 玻璃纤维土工格栅能增大沥青混凝土强度，其增强作用就像水泥混凝土中加入钢筋一样，能将路面的荷载应力均匀扩散，防止反射裂缝的产生，从而延长沥青路面的使用寿命。

1.3.5 玻璃纤维和玄武岩纤维的对比研究

玄武岩纤维是采用在许多方面类似于玻璃纤维拉丝的连续方法制造而成。首先需要将开采出的玄武岩进行粉碎处理和洗涤，然后装入与投料机相连的料仓，由投料机将原料投入到用天然气加热的窑炉的熔化部。实际上这一过程比生产玻璃纤维要简单，因为玄武岩的成分相对简单。一般玻璃成分中除 50% 的 SiO_2 外，其他成分还包括氧化硼、氧化铝和或其他几种材料。这些材料在进入窑炉之前必须分别投入称量系统。不同于玻璃，玄武岩纤维不含第二种原料，所以生产过程只需要一条单独的投料线将粉碎的玄武岩送入熔窑。因此，玄武岩纤维制造商对玄武岩原料的纯度和稳定性的直接控制工作更少。虽然玄武岩和玻璃都是硅酸盐，但熔融玻璃冷却后形成非晶状固体，而玄武岩具有晶体结构。玄武岩含有3种硅酸盐矿物质：斜长石、辉石和橄榄石。斜长石是由硅酸钠和硅酸钙组成的三晶长石；辉石为含有镁、铁、钙3种金属氧化物中任意两种氧化物的晶体硅酸盐；橄榄石是含有硅酸镁和硅酸铁的硅酸盐。这种成分变异意味着构成玄武岩的矿物水平和化学组成可以因地域关系存在很大差别，甚至于岩浆在接近地表时的冷却速率也会影响到晶体结构。

粉碎后的玄武岩被送入窑炉后，在1500℃的温度下形成液态（玻璃熔点为1400～1600℃）。与透明的玻璃不同，不透明的玄武岩不传输红外能量，只是吸收能量。因此，很难利用普通玻璃窑上部的气体燃烧器对整个玄武岩混料进行均匀加热。在上部气体燃烧器的作用下，熔化的玄武岩必须置于池内若干小时，确保温度分布均匀。

和玻璃纤维一样，玄武岩纤维也是用铂铑合金漏板拉制而成的。在纤维冷却时涂覆浸润剂，纤维送入拉丝设备和卷绕设备，然后绕在纱筒上。由于在加工和维修方面存在上述差异，使玄武岩纤维的生产成本超过了玻璃纤维，但是玄武岩纤维的支持者称它在复合材料使用过程中明显优于玻璃纤维。

此外，玄武岩纤维天然抗紫外线和高能量的电磁辐射，在低温下能够保持性能，并具有更好的耐酸性。另外，在工人安全性和空气质量方面，玄武岩纤维也很优秀。有关人士指出，由于玄武岩是火山活动的产物，其形成过程比玻璃纤维更为环保。纤维加工过程中可能释放的“温室”气体已在数百年前岩浆喷发过程中排放。再者，玄武岩为百分之百惰性物体，与空气和水均无毒性反应，而且不燃烧，不会产生爆炸。

2　玻璃纤维和玄武岩纤维性能比较研究

2.1　纤维封层技术简介

2.1.1　纤维封层适用的路况条件及范围

目前广泛应用的预防性养护技术主要有表面封层、裂缝填封和薄层罩面3种类型，纤维封层属于预防性养护中的一种解决方案。

纤维封层可与碎石封层、石屑封层及表面处治等共同归属于沥青路面结构中的碎石封层类型，是为封闭表面空隙、防止水分浸入或下渗，在沥青面层之上、面层之间或基层之上铺筑的有一定厚度的沥青混合料薄层，按功能特点可分为上封层（表面磨耗层）和下封层（应力吸收层）。纤维封层技术用于沥青面层磨耗层及应力吸收中间层施工，如图2-1所示。

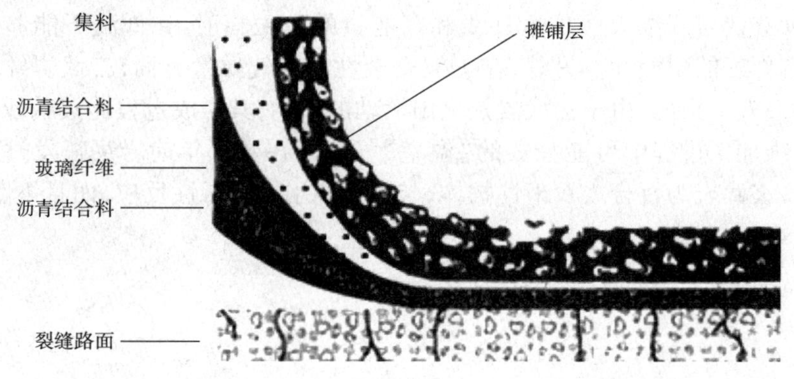

图2-1　纤维封层技术用于沥青面层磨耗层及应力吸收中间层施工

通过纤维封层试验路施工，结合国外多年来应用的成功经验，纤维封层的路况条件及适用范围如下。

（1）对路况和结构的要求。对实施纤维封层的路段，要求基层和面层具有一定的强度，平整度要好，路面破损率要低。对于年久失修、超期服役、交通量大、路面病害严重急需大修的路段，不适合采用纤维封层。

（2）对地域条件、气候条件的要求。纤维封层在国外得到广泛应用，但对气候条件要求却十分严格。当气温达到10℃并且持续下降时，不允许进行施工；但是在气温到达7℃并且持续上升时，可允许施工。另外，应尽量避免雨天施工作业。

(3)纤维封层适用范围。纤维封层施工中，经过专门工艺破碎切割的纤维在上下两层均匀撒布的沥青结合料中呈乱向均匀分布，相互搭接，与沥青结合料形成网络缠绕结构，有效地提高了纤维封层的抗拉、抗剪、抗压和抗冲击强度等综合力学性能，类似在新建道路基层和面层之间或原有路面基础上加铺了一层具有高弹性和高强度的防护网垫。纤维封层技术适用于大修路段的基层和面层之间、路基强度好的旧沥青路面与上面加铺层之间，用作应力吸收中间层，用以吸收和分散应力，阻止路基裂缝或旧路面的裂缝反射到上面层；适用于基层强度好、出现轻微的龟网裂现象需要中修改造的老路面；用作磨耗层，能预防并抑制路面裂缝继续扩延，并且起到防水防滑的作用；还可用于中、小桥梁桥面铺装的防水层，旧水泥路面改造，各等级公路下封层以及农村公路的路面面层。

2.1.2 纤维封层的工程技术特点

(1)良好的应力吸收和分散能力。具有网络缠绕独特结构的纤维封层，由于纤维本身高抗拉伸强度和高弹性模量值的特性，有效地提高了封层的抗拉、抗剪、抗压和抗冲击强度。利用纤维封层进行应力吸收中间层施工，铺设于旧沥青面层与新沥青面层或新建路基和新建沥青面层之间的纤维封层黏结层，兼具极高的张力与弹力，加之独特的结构，对外界应力具有超强的吸收和分散功能。一方面，它能够吸收摊铺层中的应力或车辆荷载产生的局部集中应力，重新分散和分布，通过纤维封层大面积地分散，减少了覆层所承受的张力并有效抑制了裂缝的产生；另一方面，它能够吸收和分散旧沥青路面原有裂缝或路基的反射应力，消除旧沥青路面裂缝尖端产生的应力集中，能够有效地抑制反射裂缝出现，防止因车载负荷过重造成路面破坏，极大地提高了道路的使用寿命。

(2)高防水性。具有独特的网络结构和综合力学性能的纤维封层非常适用于沥青路面耐磨层或养护施工。特别是在北方寒冬季节里，纤维封层因为高弹性模量值，延伸力强，其抗拉强度远远大于温度变化带来的收缩拉应力或拉应变，降低了面层的低温脆裂性，能够有效抑制沥青路面常规裂缝——低温收缩裂缝的产生。

(3)高耐磨性。纤维封层设备施工后，进行碎石集料撒布。撒布后的集料进入由纤维与沥青结合料形成的网状结构中，压实成型后集料被结合料网状结构紧紧裹覆，形成了一个复合的力学嵌锁体系，类似微观领域中的分子结构物理模型。纤维、沥青和集料紧密相连，有效抑制了集料的滑移、脱落。因此，采用纤维封层进行耐磨层施工能够极大地提高路面的耐磨性，有效地延长沥青道路的使用寿命。

(4)高稳定性。结合纤维封层形成的机理可知,其结构为一层沥青+一层纤维+一层沥青(连续施工工艺)+一层碎石形成的一层物料相互作用的致密网络缠绕结构。第二层沥青的连续洒布,更加提高了封层的密闭性,加之结构中起到加筋和桥接作用的纤维对于前后两层沥青结合料起到极强的吸附作用,能非常容易地吸附沥青中的油分,增加其黏度和黏附力,能有效阻止沥青的流动,在原有路面上形成一层致密的保护膜,对沥青起到高温稳定、增韧阻裂的作用,从而避免了高温泛油造成的路面破坏,防止了路基因水渗透出现早期破坏,延长了沥青道路的寿命。

(5)施工快捷性。加快养护施工速度、缩短开放交通时间,也是衡量道路养护工艺先进性的体现。纤维封层这种连续施工工艺大大地缩短了沥青道路养护的时间,缩短了开放交通的时间。纤维封层的耐磨层施工后,改性乳化沥青破乳20min即可开放交通;而中间应力吸收层可更快地开放交通。

具有优良性能的纤维封层工艺,可广泛应用于以下道路施工及养护:

①用作新建路基、面层层间黏结应力吸收层,防止反射裂缝;

②新、旧沥青路面铺设耐磨层,进行预防性养护;

③各等级公路下封层施工;

④旧水泥路面改造;

⑤桥梁防水层的施工。

2.1.3 沥青结合料材料特性

纤维封层所采用的沥青结合料为阳离子改性乳化沥青。沥青结合料主要有稀释沥青、高黏度乳化沥青和改性沥青3种。与稀释沥青和高黏度乳化沥青相比,普通沥青不容易洒布均匀,且洒布到路面以后会因为温度迅速降低而影响与石料的黏附,对施工设备和工艺要求较高。改性乳化沥青具有洒布均匀,快凝,环保,与石料的黏附性好等优点并受到青睐。

由纤维封层的原理可知使用场合不同,结合料必须同时保证足够的黏结性能和流动性能。乳化沥青只有具有足够的黏结性能,才能保证集料与原路面、集料与集料之间的黏结。在封层没有成型前,乳化沥青必须有一定的流动性,以确保在胶轮的压实作用下有足够的爬升能力,只有这样才能确保封层的质量。

乳化沥青是将通常高温使用的道路沥青,经过机械搅拌和乳化作用,扩散到水中而液化成常温下黏度很低、流动性很好的一种道路建筑材料,可以常温使用,且可以和冷的和潮湿的石料一起使用。当乳化沥青破乳凝固时还原为连续的沥青并且水分完全排除掉,道路材料的最终强度才能形成。乳液包括油包水型和水包油型。当连续相为水、不连续相为油时,乳液为水包油型;反之为油包水型。

水包油型乳液中，根据其颗粒的大小，可分为普通乳液和精细乳液。普通乳液的颗粒一般为 1 ~ 20μm，精细乳液的颗粒一般为 0.01 ~ 0.05μm。乳化沥青为普通乳液时，其典型的颗粒粒径 r(μm) 分布见表 2-1[2]。

乳液不同颗粒粒径的百分含量　　表 2-1

颗粒粒径 r(μm)	$r<1$	$1\leq r<5$	$r\geq5$
颗粒百分含量(%)	28	57	15

乳化沥青分为两大类：阴离子乳化沥青和阳离子乳化沥青。阴离子乳化沥青使用阴离子乳化剂制备而成，沥青微粒上普遍带有负电荷；阳离子乳化沥青使用阳离子乳化剂制备而成，沥青微粒上普遍带有正电荷。阳离子乳化沥青对各种沥青都可充分乳化、与各种湿润石料都有很好的黏附能力，虽然成本比阴离子乳化沥青略高，但应用阳离子乳化沥青已经成为趋势。在众多的道路建设应用中，乳化沥青提供了一种比热沥青更为安全、节能和环保的系统，因为，这种工艺避免了高温操作、加热和有害排放。

乳化沥青除了含有沥青、水和乳化剂三种主要物质外，还需要添加一些改性剂和稳定剂等。改性乳化沥青有喷洒型(PCR)和拌和型(BCR)两个品种，分别适用于黏层、透层和桥面防水黏结料和使用于改性稀浆封层和微表处黏结料。纤维封层采用的是 SBR 改性喷洒型阳离子乳化沥青(PCR)。乳化沥青机见图 2-2。

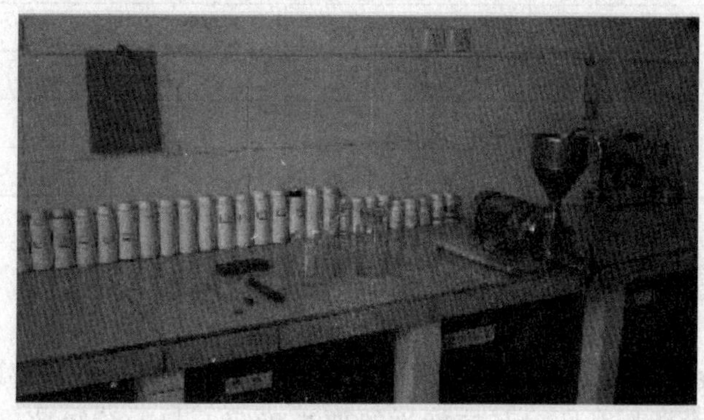

图 2-2　乳化沥青机

乳化沥青的制备有以下 5 个主要工序：

(1)乳化剂水溶液的调制。根据乳化剂和稳定剂所需的水温，使其在水中充分溶解，一般水温控制在 55 ~ 65℃，并根据需要调整 pH 值，此处乳化剂要求 pH = 12。

(2)沥青加热。沥青加热温度根据其品种、牌号、施工季节和地区而定，一般温度为 120 ~ 150℃。

(3)沥青与水比例控制。要严格控制沥青与乳化液的比例，此处用油水比为 6:40。

(4)乳化沥青的生产。将制备好的乳化剂水溶液先倒入设备,再将加热好的沥青边倒边搅拌,倒入设备中,经过几分钟的时间,即可从下边的细管中流出乳化沥青。

(5)乳化沥青的改性。对乳化沥青进行改性是以乳化沥青为集料,以乳状液的高分子聚合物 SBR 作为改性剂,同时加入适当的分散稳定剂及其他的微量配合剂。制备采用的是一次冷混合法,将改性剂胶乳与乳液沥青在常温下送入乳化机进行混合。

经试验测定乳化沥青指标符合《公路沥青路面施工技术规范》(JTG F40—2004)中规定的沥青面层用乳化沥青质量技术要求。试验中选用的乳化沥青为锦州阳离子改性乳化沥青,测得其主要指标见表 2-2。

改性乳化沥青的技术指标 表 2-2

试验项目		单位	要求值	试验值
筛上剩余量(1.18mm)		%	≤0.1	0.06
电荷		C	阳离子	阳离子
蒸发残留物含量		%	≥60	60.1
针入度(100g,25℃,5s)		0.1mm	40～100	79
软化点		℃	≥53	53
延度(5℃)		cm	≥20	56
溶解度(三氯乙烯)		%	≥97.5	99.2
储存稳定性	1d	%	≤1	0.3
	5d	%	≤5	0.9

2.2 集料

纤维封层所用集料的粒径应考虑原有路面的硬度、交通量、轴载以及车辆运行速度等,根据路面平整度情况和抗滑性能要求确定石料的粒径范围。集料纹理和磨光性能,将影响路面的抗滑能力,因此,应选用磨耗性、抗风化性强的集料。

纤维封层技术对集料种类无特殊要求,花岗岩、玄武岩、石灰岩等都可以选择。但应根据不同交通量和路基结构等情况,对集料进行有针对性地选择。纤维封层所用集料必须有足够的硬度抵抗交通磨损,特别在相对重载车较多,车流量较大的情况下更要如此。单一粒径集料主要有以下优点:

(1)矿料间隙率大,有更多的空间供结合料填充,利于集料与沥青的牢固黏结;

(2)单一粒径碎石封层与车辆轮胎的接触面积比有级配的大,抗滑性能更好;

(3)单一粒径碎石封层的表观更加美观;

(4)单一粒径碎石封层的碎石之间可以形成连通的排水渠道,更有利于路面排水;

(5)单一粒径碎石封层的设计、施工和质量控制都比有级配的简单。为了保证碎石与沥青的牢固黏结,碎石中应尽量不含粉料。一般要求碎石中 0.075mm 以下的颗粒含量不超过 1%。

2.2.1 粗集料

从 SMA 成型机理可知,它之所以有较高的高温稳定性,是基于含量较多的粗集料之间的嵌挤作用,嵌挤作用在很大程度上取决于集料石质的坚韧性、颗粒形状和棱角性。用于薄层罩面 SMA 的粗集料应均匀、洁净、干燥、无风化、无杂质,并且有足够的强度、耐磨耗性、抗冻性、耐腐蚀性、抗冲击性、耐磨光性、抗破碎性以及与沥青良好的黏附性,必须符合抗滑表层混合料的技术要求,必须严格限制集料的扁平颗粒含量;所使用的碎石不能用板式轧石机破碎,要用捶击式或锤式碎石机破碎。粗集料最好选用玄武岩或花岗岩等硬质石料,且保证与沥青具有较好的黏附性。本试验选用玄武岩,为了减小试验误差,所用碎石全部采用单一粒径并水洗后备用。依据《公路工程集料试验规程(JTG E42—2005)》对各粒径碎石进行试验,粗集料(粒径 >2.36mm)各项常规指标试验结果见表 2-3。

粗集料质量技术指标 表 2-3

技术指标	粒径(mm)	4.75~9.5		2.36~4.75	
	单位	规范值	实测值	规范值	实测值
表观相对密度	—	≥2.6	2.816	≥2.6	2.779
石料压碎值	%	≤26	21.2	≤26	18.3
洛杉矶磨耗损失	%	≤28	24.6	≤28	23.8
坚固性	%	≤12	7.6	≤12	8.5
对沥青的黏附性	级	≥4	5	—	—
吸水率	%	≤2.0	0.68	≤2.0	0.60
针片状颗粒含量	%	≤18	5.8	≤18	6.2
软石含量	%	≤3	1.3	≤3	1.1

2.2.2 细集料

细集料在 SMA 中占很少比例,但对其性能影响却不小,天然砂、石屑和机制砂都可用于混合料,但性能差别很大。天然砂经过多年的风化、搬运,一般比较坚硬,耐久性较好,但颗粒基本上是球形颗粒,与沥青黏附性差,对高温抗车辙能力不利;石屑是破碎石料时的下脚料,其中扁平颗粒含量较高,且强度较差,故要限制其使用;机制砂有良好的棱角性和嵌挤性能,对提高高温稳定性有利。

细集料应洁净、干燥、无风化和杂质。采用玄武岩机制砂是为了减少颗粒级配不稳定带来的误差,所用机制砂全部采用单一粒径并水洗烘干后备用。依据《公路工程集料试验规程》(JTG E42—2005)进行试验,其各粒径主要指标试验结果见表2-4。

细集料质量要求 表2-4

技术指标 / 粒径(mm)	表现相对密度		坚固性(%)		棱角性(s)	
	实测值	规范值	实测值	规范值	实测值	规范值
1.18~2.36	≥2.5	2.863	≥12	16	≥30	46.8
0.6~1.18	≥2.5	2.825	≥12	18	≥30	43.2
0.3~0.6	≥2.5	2.808	≥12	18	≥30	36.4
0.15~0.3	≥2.5	2.802	—	—	≥30	33.2
0.075~0.15	≥2.5	2.793	—	—	≥30	31.5

2.2.3 填料

填料通常指矿粉,有时还用水泥、消石灰、粉煤灰替代矿粉。矿粉在沥青混合料中的作用至关重要,沥青只有吸附在矿粉表面形成薄膜,才能对粗、细集料产生黏附作用。矿粉必须采用石灰岩或岩浆岩中的强基性岩石等憎水性石料磨细得到,矿粉应干燥、洁净、不含杂质。试验采用石灰岩磨细矿粉,依据《公路工程集料试验规程(JTG E42—2005)》进行试验,其质量要求见表2-5。

矿粉试验结果 表2-5

技术指标	单位	规范值	试验结果	试验方法
表观相对密度	—	≥2.5	2.722	T 0352
含水率	%	≤1.0	0.4	T 0103
外观	—	无团粒结块	—	—
亲水系数	—	<1.0	0.6	T 0353
塑性指数	%	<4.0	2.6	T 0354
加热安定性	—	实测记录	无颜色变化	T 0355

纤维封层所用集料技术要求与沥青混合料面层所用集料基本相同,但对于磨耗和棱角性提出了更高的要求。集料应尽量使用立方体的集料,避免针片结构,以保证集料在沥青中达到合适的嵌入深度,应选用4级或4级以上的石料轧制而成的碎石,必须符合纤维封层应用技术研究磨耗的要求。同时,要求使用坚韧、粗糙、有棱角的优质集料,必须严格限制集料的扁平细长颗粒含量。检验指标参照《公路沥青路面施工技术规范》(JTG F40—2004)和《公路工程集料试验规程》

(JTG E42—2005)技术要求,见表2-6。

集料的技术要求及试验结果　　表2-6

指　标	要求值	实测值
压碎值(%)	≤26	19.3
洛杉矶磨耗损失(%)	≤28	22.5
针片状颗粒含量(%)	≤15	7.4
表观相对密度	—	2.868
黏附性	≥4级	4级
粉尘含量(%)	≤1	0.9

碎石和改性乳化沥青附着力试验尤为重要,附着力试验即为落球试验或黏附试验。试验结果证明,在常温下改性乳化沥青与集料之间具有良好的黏结性。

2.3　玻璃纤维

2.3.1　材料特性

纤维作为一种高强、耐久、质轻的增强材料,在沥青混合料中的研究和应用最早可以追溯到20世纪60年代,最初目的是用于预防路面反射裂缝,随后纤维用于提高路面的防水性能和抗疲劳强度。随着人民对纤维研究应用的深入,相继出现的纤维织物和纤维格栅被用于沥青路面中。同时聚合物纤维(如聚酯纤维、聚丙烯纤维、聚丙烯氰纤维等)、木质素纤维、玻璃纤维得到广泛应用。

纤维是一种细长而柔韧的均匀线状或丝状物质,具有相当的长度(约为直径的几百倍)、强度和弹性。纤维通常分为天然纤维和化学合成纤维,前者是天然高聚物,如棉、麻、蚕丝、羊毛、矿物等;后者是以合成高聚物为原料经化工处理并经过机械加工而制成的,如纤维素纤维、蛋白质纤维、石棉等。纤维封层中所用的纤维为玻璃纤维。

本研究中FR-SAM工所用的无碱玻璃纤维材料的技术指标见表2-7。

无碱玻璃纤维材料技术指标　　表2-7

玻璃类型	纤维碱含量(%)	单位直径(μm)	含水率(%)	硬挺度	分散性(%)	灼烧损失
E	<0.5	13	0.10	≥140	≥95	0.8

(1)玻璃纤维的相关概念。

为了更好地理解玻璃纤维及其生产工艺,下面介绍有关玻璃纤维的概念。

①单丝。由漏板一个漏孔中拉成的丝。

②原丝或股。由漏板总漏孔拉成的单丝经集束轮汇成一束即称原丝或股。

③捻度，指每1m玻璃纤维原丝经过多少转的加捻次数，以“捻/m”表示。根据加捻方向，有顺时针回转（2捻）和反时针回转（5捻）之分。

④纱。原丝经过退绕加捻而成基本单纱，合股后称合股纱。

⑤无捻粗纱。浸有强化型浸润剂的原丝成股后不经加捻而合股者。

⑥支数。1g原丝的长度称为该原丝的支数。如45支原丝，就是指1g原丝有45m长。

⑦浸润剂。漏孔中流出的熔融玻璃纤维经集束轮集束，而后卷绕在高速旋转的绕丝筒上。玻璃纤维经过集束轮的同时，即涂上浸润剂。此浸润剂的作用在于保护新生原丝便于以后加工，以及使最终增强制品性质最佳化。

纤维封层施工所用的纤维为喷射无捻粗纱型玻璃纤维。纤维的长度取值还没有定量的研究，在我国施工时纤维的长度为40mm，有经验表明纤维的长度取60mm为宜。

（2）纤维在封层中的作用。

纤维分散在沥青中，其巨大的表面积成为浸润界面。在界面中，沥青和纤维之间会产生物理和化学作用，如吸附、扩散、化学键等。在这种作用下，沥青成单分子排列在纤维表面，形成结合力牢固的沥青界面，称之为结构沥青。结构沥青比界面层以外的自由沥青黏结性强，稳定性好，因此，纤维在封层中起到以下作用：

①加筋。纤维分布在沥青胶结料中，形成了一种以纤维为基质，沥青胶结料为基体的复合材料。当受到外力作用时，纤维大分子的软链与沥青高分子产生交联、嵌段等作用，约束了沥青高分子的运动，从而提高了沥青路面裂纹的自愈能力，减少裂纹的出现，同时也增加了沥青混合料抗拉、抗剪及抗冲击强度。

②吸附。纤维使得裹覆于集料周围的沥青膜增厚，沥青与集料之间的黏结力增强，提高了沥青混合料的耐久性。纤维分布到沥青中，其巨大的表面积成为可使沥青浸润的界面，在此界面上纤维可以吸附大量的沥青。

③分散。加入纤维可以使胶团均匀分散在集料中，从而保证了沥青混合料的均一。

④稳定。纤维对沥青膜起到很好的牵拉固定作用，使集料表面的沥青处于比较稳定的状态，从而提高了高温稳定性。由于纤维有良好的耐磨阻特性，纤维可复合成涂附集料的保护层。较低温度下，纤维增韧的纤维沥青胶浆对集料颗粒黏裹力增大，纵横交错的纤维还起到了“加筋”作用，使整体不易松散。

⑤增黏。纤维将增加沥青和矿料的黏附性，通过沥青油膜的黏结作用，提高集料之间的黏结力，进而提高了沥青混凝土的水稳定性能。

2.3.2 检验指标

纤维作为纤维封层的核心材料，在施工和后期行车碾压时，会受到温度、拉应力等因素的影响。因此，玻璃纤维的长度、拉伸强度及耐热性等技术性能必须满足施工要求。纤维主要技术指标见表2-8。

纤维主要技术指标　　表2-8

项　目	指　标	项　目	指　标
纤维类型	玻璃纤维	燃点(℃)	390
纤维直径(μm)	6	抗拉强度(MPa)	500～1000
纤维长度(mm)	60	吸附沥青率(%)	6
纤维相对密度	1.38～1.40	断裂延伸度(%)	30～40
纤维颜色	乳白色	吸湿率(%)	0.7
熔点(℃)	250～260		

由表2-8可知，纤维的熔点远高于纤维封层施工时的温度60℃，纤维的抗拉强度也远高于层间的拉应力，纤维的技术指标完全符合施工要求。

2.4 玄武岩纤维

2.4.1 玄武岩纤维特性

玄武岩纤维和集料属于同一种材料(大部分都为玄武岩或者石灰岩)，具有天然的与砂浆混凝土及沥青混凝土的亲和力和耐碱性，因此能更有效地参与矿料和沥青混合料之间的结合。虽然原料产地不同，但通过对玄武岩的筛选和组配，目前规模化生产的玄武岩连续纤维的成分已经基本稳定。图2-3是短切玄武岩纤维和矿物纤维的实物对照图，表2-9是两种纤维的主要成分对照。

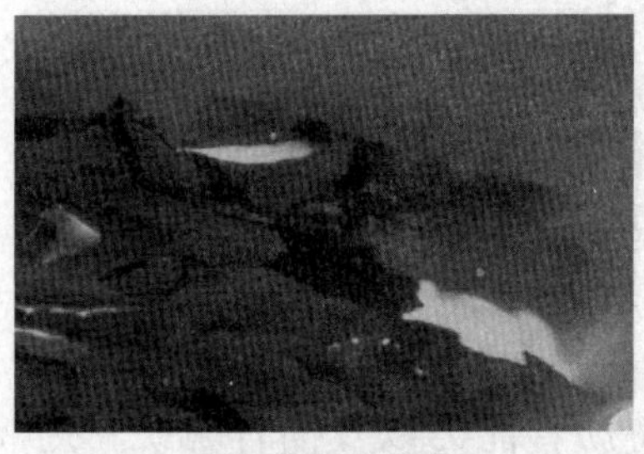

a)短切玄武岩纤维

b)矿物纤维

图2-3　短切玄武岩纤维和矿物纤维

玄武岩纤维和矿物纤维的成分对照　　表 2-9

含量(%)	SiO_2	Al_2O_3	CaO	MgO	Na_2O+K_2O	TiO_2	Fe_2O_3+FeO	其他
玄武岩纤维	57.2	18.2	5.5	5.0	4.6	1.0	8.1	0.4
矿物纤维	42.6	12	31.3	12.2	0.3	0.4	0.9	0.3

2.4.2 玄武岩纤维生产工艺

经过拉丝形成的连续玄武岩纤维外表光滑,纤维之间的抱合力非常小,并影响与树脂的复合效果。因此,必须对连续玄武岩纤维的表面进行处理,增加纤维表面的粗糙程度或者改变其极性。纤维的表面处理方法可以采用浸润及处理、等离子法、机械处理、阴极氧化法、活化热处理等方法,其中浸润剂表面处理法简单易行是常用的方法。

玄武岩纤维应用于混凝土增强时,为了更好地与沥青混凝土均匀拌和,需采取特定的工艺将连续玄武岩纤维切成不同尺寸的短切玄武岩纤维;同时为了增强玄武岩纤维吸附沥青的能力,也可在短切后对玄武岩纤维进行膨化处理。试验时,根据短切玄武岩纤维(GBF®)的尺寸、浸润剂和是否膨化进行编号,见表 2-10。

试验用玄武岩纤维的分类与编号　　表 2-10

类　型	编　号	尺　寸	浸润剂	是否膨化
GBF® 602	A	13μm/3mm	浸润剂 2	膨化
	B	13μm/4.5mm		
	C	17μm/3mm		
	D	19μm/3mm		
GBF® 603	E	13μm/3mm	浸润剂 2	未膨化
GBF® 101	F	13μm/4.5mm	浸润剂 1	膨化
GBF® 501	G	13μm/3mm	其他方法	未膨化
	H	17μm/3mm		

注:1. GBF® 101 和 GBF® 602 为膨化的玄武岩纤维,但是二者所使用的表面处理剂有所差别。
2. GBF® 603 为未膨化的玄武岩纤维,表面处理剂同 GBF® 602。
3. GBF® 501 为增强沥青短切纱。

2.5 短切玄武岩纤维路用性能研究

2.5.1 表面微观特征

纤维的表面微观特征影响纤维吸持沥青能力以及沥青与矿料之间的结合能力,从而进一步影响沥青混合料的高低温性能。为便于分析和比较不同纤维的作用特点,采用 4700 倍电镜扫描拍摄的各种纤维的微观照片,见图 2-4。

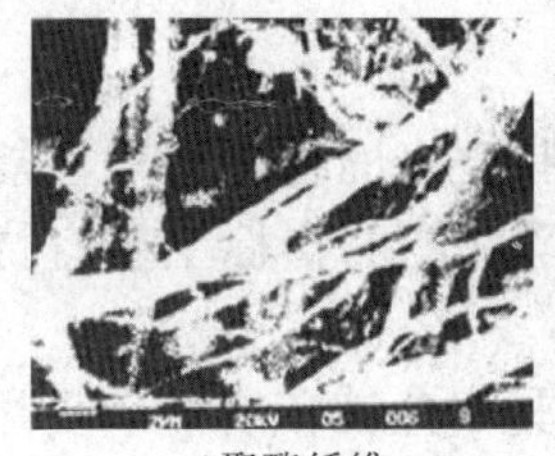
a)聚酯纤维

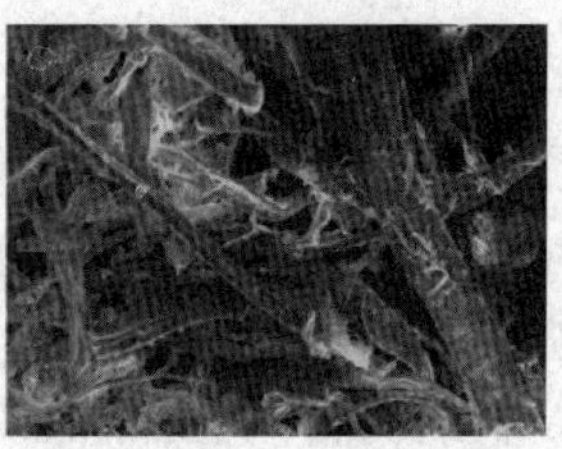
b)木质素纤维

c)玄武岩纤维

图2-4　纤维电镜扫描

从图2-4可以看出,聚酯纤维呈细丝状,质地较密,表面较光滑,这与聚酯纤维具有一定的加筋效果是相符的。木质素纤维质地较疏松,有较多空隙,并且内部呈中空结构,因此,木质素纤维加筋效果较差,但吸附沥青的性能好,适用于SMA沥青混合料。玄武岩纤维外表呈相对光滑的圆柱状,其截面呈完整的圆形。这是由于纤维成形过程中,熔融玄武岩被牵伸和冷却成固态的纤维前,在表面张力作用下收缩成表面积最小的圆形所致,因此,保证了短切玄武岩纤维保持较高的抗拉强度和模量;玄武岩纤维的端部有明显的突起,似“触角”状,有利于相互搭接且保持整体,便于“桥接”与“加筋”作用的发挥。

2.5.2　密度测定

单位长度纤维的质量,简称线密度,是纤维粗细程度的一种直接指标,关系到纤维纱条均匀度、抱合力和浸润剂的吸收性能。依据《化学纤维短纤维线密度试验方法》(GB/T 14335—2008)中的称量法,从未短切的玄武岩纤维丝中随机取2000~3500根并梳理使之一段平齐,在切断器上切取中段纤维束,然后将其分成5束,平行排列在玻璃片上,在投影仪下逐根计算并称重,计算样品平均线密度见表2-11。

玄武岩纤维密度测定　　表2-11

纤维类型	A	B	C	D	E	F	G	H	聚酯纤维	木质素
密度(g/cm^3)	2.69	2.72	2.80	2.84	2.63	2.69	2.68	2.78	1.38	1.35
变异系数(%)	5.3	4.9	6.1	5.2	5.5	4.6	4.3	4.7	4.3	6.6

从表2-10和表2-11中我们可以得知,GBF®纤维的密度比玄武岩矿石的密度(约3.1 g/cm^3)稍小,原因有两点:

(1)致密的矿物岩石经处理成为GBF®纤维后致密性下降。

(2)放在沸水中煮45min后水面上有一层彩色油脂,可知表面被特殊物质处理过。GBF®纤维表面经特殊物质处理后也会导致其密度减小。

2.5.3 力学性能

纤维作为一种改善沥青混合料性能的加筋材料,其自身的物理力学性能决定了纤维对沥青混合料性能的增强效果。反映纤维力学性能的指标主要有抗拉强度、弹性模量、极限延伸率3项:

(1)抗拉强度反映纤维材料在受拉伸直至断裂时其单位面积所能承受拉力的大小。

(2)弹性模量指纤维受拉伸时发生单位形变所需力的大小,表征纤维所具有的刚性,纤维与混凝土基材的弹性模量比值越高,则受负荷的纤维所分担的应力也越大。

(3)极限延伸率指纤维受力伸长至断裂时与纤维原长相减增加的长度,除以其原长得到的百分数。纤维的极限延伸率越大,则越有利于纤维增强混凝土复合材料韧性的提高。与混凝土基材相比,纤维极限延伸率至少要高一个数量级,但是纤维的极限延伸率不可过大,否则由于纤维与混凝土基材的过早脱离而影响纤维发挥增强作用。

表2-12所示为某玄武岩纤维与木质素纤维和聚酯纤维的力学性能比较。

常见路用纤维力学性能比较 表2-12

纤维种类	拉伸强度(MPa)	弹性模量(GPa)	断裂伸长率(%)
玄武岩纤维	4100~4840	93.1~110	3.1~3.2
聚酯纤维	650~850	10.0~15.0	7~17
木质素纤维	560~610	3.5~7.5	10~25

由表2-12可以看出,相比木质素纤维和聚酯纤维,玄武岩纤维具有突出的拉伸强度、较高的弹性模量及适宜的断裂延伸率。就力学性能来看,该种纤维是一种性能非常优异的加强纤维。

2.5.4 吸持沥青能力和耐水性能

纤维的吸油性能反映了纤维吸持沥青的能力。吸油率高表明纤维与沥青的兼容性好,有利于防止沥青在高温条件下发生离析与泛油现象,提高混合料的高温稳定性。采用网篮试验测定玄武岩纤维吸油率:精确称量两份5g纤维,放置在漏勺上(漏勺的孔径要保持不能漏掉纤维),一起放入煤油中完全浸润5min后取出,用手上下抖动50次后(抖动过程中保持速度和幅度的稳定)称其质量,从而得到纤维吸油的倍数。表2-13所示为玄武岩纤维与聚酯纤维、木质素的吸油率比较情况。

纤维吸油率比较 表2-13

吸油率(%)	玄武岩纤维	木质素纤维	聚酯纤维
	400	500	290

由此可看出，玄武岩纤维的吸油率优于聚酯纤维，比木质素纤维稍低。木质素纤维为中空管结构，可容纳更多的自由沥青，因此，其在沥青混凝土中主要起吸附作用以减少沥青混凝土在高温时的析漏，加筋作用并不明显；聚酯纤维和玄武岩纤维主要依靠巨大的比表面积来在纤维表面吸附沥青，实现自身加筋及增大沥青膜厚度，从而提高混凝土的高低温性能。由于聚酯纤维模量低、抗拉强度低以及吸附沥青性能不足，理论上预计其加筋效果应劣于玄武岩纤维，这有待后续试验进一步证明。

纤维的吸湿性能对纤维增强沥青混凝土具有重要意义。吸湿性大的纤维不仅存放时易吸水结团降低拌和分散性，还会使纤维沥青界面产生湿胀，易造成沥青混凝土的水损害[7]。精确称量两份100g玄武岩纤维，在相对湿度为90%的保湿箱中放置5d，测纤维的吸水率。表2-14为玄武岩纤维与聚酯纤维、木质素的吸水率比较情况。

纤维含水率比较 表2-14

吸水率(%)	玄武岩纤维	木质素纤维	聚酯纤维
	0.175	28.94	10.86

玄武岩纤维由于不吸水也不怕潮，便于运输和储存，有助于抑制沥青膜氧化老化，并有助于沥青膜与集料的黏合而抑制路面水破坏。

2.5.5 耐热性能和化学稳定性

掺加纤维的热拌沥青混合料一般先于集料干拌15s，再喷入沥青进行湿拌。生产普通沥青混凝土时，纤维与集料干拌时的温度可达170～180℃，而对于生产改性沥青混凝土，干拌温度则可能超过200℃；普通沥青混合料的出料温度也可达150～170℃，SBS改性沥青混凝土出料温度一般都在180℃左右。因此，要求添加的纤维具有一定的热稳定性，保证纤维不会在拌和、运输及摊铺施工过程中出现性能大幅度下降。为评价纤维的高温耐热性能，将纤维放入200℃烘箱中，放置2h后观察纤维颜色变化，见图2-5。

试验可知，在200℃烘箱中放置2h，木质素纤维由灰色变为深棕色，有明显的焦煳味；聚酯纤维由白色变为淡黄色，略有煳味；玄武岩纤维颜色无变化，无不良气味。有研究将玻璃纤维、碳纤维和玄武岩纤维放置在600℃烘箱中2h后，测量单根纤维拉伸强度的变化，玄武岩纤维的高温稳定性非常好，600℃下的强度为常温下的95%，保持了很好的力学完整性[8]。这是因为玄武岩纤维是玄武岩石在1450～1500℃的高温熔融后制成，熔点远高于木质素纤维、聚酯纤维、玻璃纤维等有机纤维，可在－269℃～650℃连续工作，大大超过沥青工作要求温度，能够适应高达190℃沥青搅拌施工时的耐高温要求，而纤维本身优异性能不会因高温破坏。突出的耐热性能，可使玄武岩纤维作为增强纤维的同时作为阻燃材料，应用于隧道铺面等封闭沥青混凝土结构。

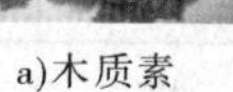
a)木质素

b)聚酯纤维

c)玄武岩纤维

图2-5　木质素、聚酯纤维、玄武岩纤维在200℃烘箱中的老化情况

化学稳定性是指纤维抵抗水、酸、碱等介质浸蚀的能力。通常以受浸蚀前后的质量损失和强度损失度量。表2-15所示为玄武岩纤维在不同介质中煮沸3h后质量损失率及在不同介质中浸泡2h后的强度保留率。

玄武岩纤维化学稳定性测试结果　　表2-15

玄武岩纤维	介质中煮沸3h后质量损失率(%)		介质中浸泡2h后强度保留率(%)	
	NaOH	HCl	NaOH	HCl
	5.0	2.2	69.5～82.4	83.8～86.5

可以看出，玄武岩纤维具有突出的化学稳定性，在水、酸、碱腐蚀介质中具有高耐蚀性和高化学稳定性。该特性为玄武岩纤维在桥梁、隧道、堤坝等混凝土结构以及沥青路面、飞机起飞跑道等经常受到高湿度、酸、碱类介质作用的结构中的应用开辟了广阔的前景。

3 纤维封层的技术原理、材料技术要求与配比设计研究

3.1 纤维封层的技术原理

3.1.1 纤维封层层间黏结强度形成机理

纤维封层从施工到通车运营以后,其层间黏结强度的变化可以定性地表示为图 3-1 所示的形式。

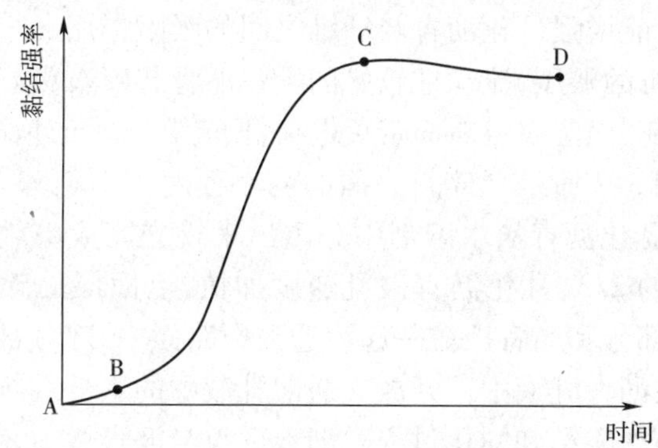

图 3-1 层间黏结强度随时间变化曲线

在图 3-1 中,AB 段表示纤维封层施工从铺设改性乳化沥青、纤维和碎石,然后进行胶轮压路机碾压、初期养护到限速开放交通前的强度变化。

BC 段描述了限速开放交通期间和在自然行车的碾压下,纤维封层的层间黏结逐渐上升,直至黏结强度达到最大值的过程。

CD 段代表路面养护后其纤维封层层间黏结强度达到峰值后,其服务能力在交通荷载和环境作用下服务能力逐渐下降,层间的黏结强度也在逐渐降低;在 CD 段黏结强度变化期间,根据路面状况和对其服务能力的要求选择下一次的养护方法。

3.1.2 纤维封层层间黏结强度形成机理分析

(1)AB 段强度变化分析。

纤维封层层间黏结强度的形成是从洒铺改性乳化沥青开始的,洒铺乳化沥青

和纤维后，应立即撒铺碎石进行碾压。撒铺碎石后的纤维封层如图3-2所示。刚洒铺的SBR改性沥青流动性较好，与原路面充分接触，并且原路面施工时较干燥，乳化沥青容易渗透到路面集料空隙及孔隙中，为提高上封层与原路面的层间黏结性能提供了前提条件。

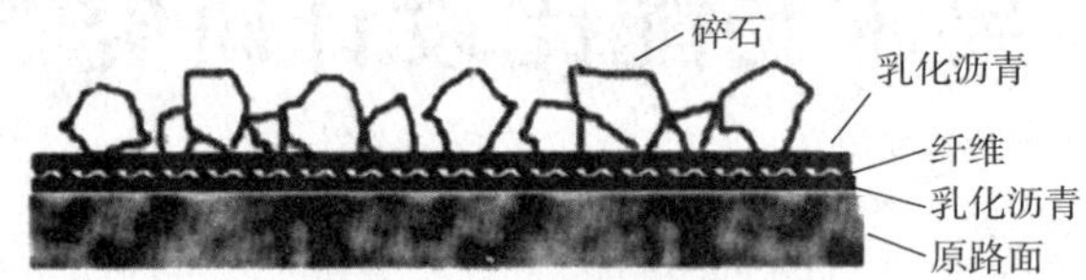

图3-2　碾压前纤维封层图

纤维封层采用的是喷射无捻粗纱型玻璃纤维，这种玻璃纤维是浸有强化型浸润剂的原丝成股后不经加捻而合股而成。这种浸润剂能满足拉丝工艺要求，而且还使玻璃纤维具有特定的二次加工性，如短切性、分散性、成型性。增强型浸润剂不含石蜡等油类，配方组分与被增强的基体有良好的相容性、反应活性或黏结性。施工中的玻璃纤维被剪切后均匀地撒铺在两层改性乳化沥青之间，使纤维能够被乳化沥青完全裹覆，能增强乳化沥青与纤维之间的吸附作用。

经过胶轮压路机的碾压，流动性较好的乳化沥青与碎石更好地充分接触，乳液中沥青微粒带正电荷，而湿矿料表面带负电荷，两者在有水的情况下仍可以吸附结合[8]，微观结构如图3-3所示。碎石表面的洁净程度将影响碎石与乳化沥青的黏附性[9]。被吸附的乳化沥青从水溶剂中分离出来首先完成破乳，乳化沥青的爬升高度约为碎石高度的2/3，乳化沥青破乳速度加快，上面层的碎石初步嵌挤稳定。乳化沥青中的水分部分和沥青微粒一起渗透到原路面中，部分被蒸发，部分被碎石吸收，还有一部分在沥青乳液中。开放交通前乳液中的水分继续分离蒸发出来，乳化沥青逐步完成破乳、凝结和固化过程。沥青微粒与沥青微粒、玻璃纤维和集料之间黏结强度逐渐形成。

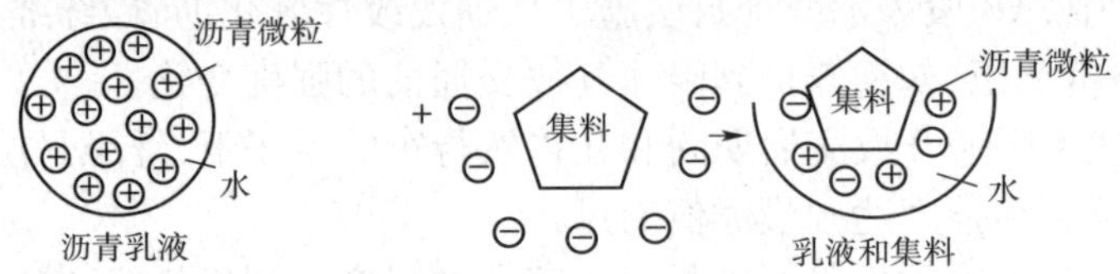

图3-3　沥青微粒与集料的黏结

(2) BC段强度变化分析。

从开放交通初期限制车速到自然行车的碾压，破乳后的乳化沥青存在少量的水被逐渐的蒸发出来，渗透到原路面中的乳化沥青固化程度加强，原路面上的薄层沥青起到连接上封层和原路面的黏结层作用，增强了层间黏结性和抗剪能力。

纤维封层中玻璃纤维与其吸附的乳化沥青之间的黏结力随着水分的蒸发也在

逐渐的增大，玻璃纤维被牢牢地黏结在上封层和原路面之间，其在层间的位置同时被固定。

碎石在车辆荷载的作用下，进一步嵌入原路面中，碎石表面大约3/4的面积被固化的乳化沥青裹覆，碎石和碎石之间、碎石和沥青之间的密实性也在增强；这时路面的构造深度在汽车荷载和自然环境的作用下不断减小，在一定时期内应满足相关的要求[7]。沥青、原路面、纤维和碎石之间的黏结强度进一步的增强，纤维封层与原路面的黏结强度也相应地增加。随着环境和自然行车的碾压，纤维封层的抗压强度以及纤维封层和原路面的黏结强度逐渐的趋于稳定。

(3)CD段强度变化分析。

纤维封层的层间黏结强度达到最大值之后，在交通荷载和气候环境的影响下，沥青也随着时间的推移逐渐老化，使得沥青与原路面、纤维和碎石的黏结性降低，纤维封层的黏结强度随时间的增长而不断下降，其服务能力也在不断降低，在有效地使用年限内，路面有可能出现裂缝、坑槽和推移等病害；路面状况恶化，路面层间的黏结强度急剧下降。何时选择下一次的养护时期，既能保持路面良好的使用性能，又能延长道路的使用寿命和节约寿命周期成本，显得尤为重要。

3.1.3 层间拉拔强度试验分析

通过对纤维封层层间的黏结强度形成机理进行定性的描述，我们初步掌握了层间黏结强度形成的过程，为了更好地理解和掌握层间黏结强度的变化，用直接拉伸试验对纤维封层施工后初期的层间的拉拔力进行了检测，试验结果如图3-4所示。纤维封层层间的黏结强度随时间的推移呈现非线性的增加。

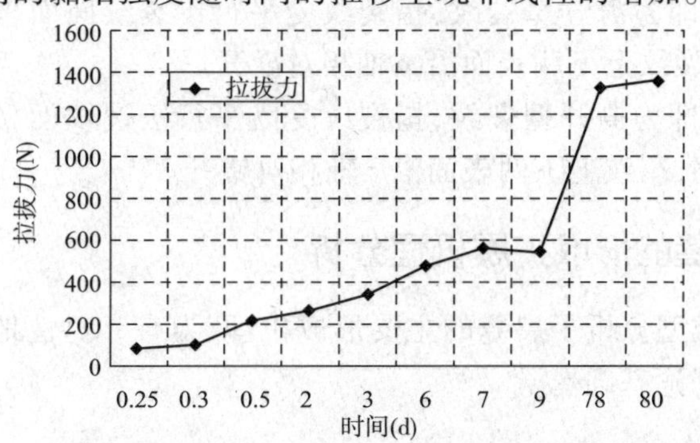

图3-4 层间拉拔力随时间的变化曲线

现场施工后2~3h就可以限速开放交通，从施工开始到施工后12h左右，AB段的强度变化是一致的；由图3-4所示可知，开放交通后初期层间黏结强度增长较快，在强度持续增长的后期，增长的趋势减缓。这一试验结论基本上和层间黏结强度定性分析的AB段和BC段的结果是一致的。至于层间黏结强度达到最大值后，路面的服务能力在交通荷载和环境的影响下不断下降的定性结论，还需对试验路进行长期检测予以验证。

3.2 纤维封层抗裂机理分析

3.2.1 裂纹的基本类型

在线弹性断裂力学（Linear Elastic Fracture Mechanics）中，根据裂纹受荷载作用及裂纹变形情况，可将裂纹分为三种基本类型，即Ⅰ型、Ⅱ型和Ⅲ型，如图3-5所示。

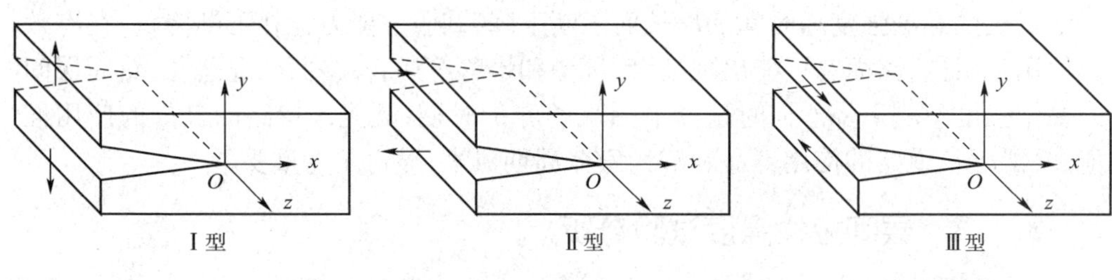

图3-5 裂纹基本类型

（1）Ⅰ型裂纹即为张开型裂纹，指裂纹受垂直于裂纹面的拉应力作用，裂纹面相对张开。

（2）Ⅱ型裂纹即为滑开型裂纹，指裂纹受平行于裂纹面而垂直于裂纹尖前缘线的剪应力作用，裂纹上下两表面沿 x 轴相对滑开。

（3）Ⅲ型裂纹即为撕开型裂纹，指裂纹受既平行于裂纹面又平行于裂纹尖前缘线的剪应力作用，裂纹上下两表面沿 z 轴相对错开。

3.2.2 裂缝的形成扩展机理分析

按照裂缝的类型分析了裂缝的主要形成机理，为有针对性地分析纤维封层的抗裂机理提供了理论基础。

（1）纵向裂缝。

纵向裂缝产生的原因有多种可能性，主要有以下两点：

①由于路基填土压实或两侧密实度不均和路基边缘受水浸蚀，导致路基不均匀沉降和承载力不足形成裂缝；

②沥青含蜡量偏高，延度偏于下限，油层抗拉强度低，长期在行车荷载作用下形成纵向裂缝，填土含水率偏大，在冻胀作用下形成裂缝。

(2)横向裂缝。

由于路基土体的不均匀沉降引起的横向裂缝,低温收缩或半刚性基层收缩是产生横向温度裂缝的主要原因;沥青材料本身将直接影响到沥青混合料的低温抗裂性。面层的表面开裂后,就会在裂缝尖端产生应力集中,使其继续向下发展并贯穿整个沥青面层。

(3)反射裂缝。

反射裂缝产生的基本机理是沥青面层受到交通荷载和温度联合或单独作用产生受拉疲劳和剪切疲劳。由于温度变化引起的混凝土板伸缩和交通荷载驶过接缝或裂缝,在缝端附近的沥青混凝土材料内产生应力集中,而接缝或裂缝处不能很好地传递拉应力或剪应力,导致反射裂缝的产生和发展。根据断裂力学原理反射裂缝可分为:

①温度应力对应着张开模式(Ⅰ型);

②行车荷载对应着张开和剪切模式(Ⅰ型和Ⅱ型)混合型。

(4)龟裂。

龟裂、不规则裂缝的形成主要是路面整体强度不足,沥青路面老化,在行车荷载的作用下形成的;另外,基层排水不良,低温时沥青混合料变硬或变脆,也能造成龟裂。

(5)滑移裂缝。

滑移裂缝产生的典型原因是层间的黏结性能不好,滑移裂缝最常发生在车辆制动、转弯或加速的位置,在城市道路的交叉口路段经常可以观察到滑移裂缝。

3.2.3 纤维封层阻裂机理分析

由纤维封层施工工艺知,纤维夹在两层乳化沥青层之间,并且从纤维封层的拉拔试验的层间破坏状态显示,纤维封层成型后,纤维完全在纤维封层之下;针对纤维夹层的位置和裂缝形成的机理,将裂纹扩展分为沥青面层表面和反射沥青路面开裂以裂缝的裂纹发生两种扩展方式介绍纤维封层的阻裂机理。

(1)沥青面层表面的裂纹发生扩展后,不论在交通荷载或负温度梯度作用下,裂纹均可能向路面深度扩展,并且在路面裂纹的缝端会产生很大的拉应力和剪应力集中,其完全可能超过材料的抗拉强度而使路面继续开裂。由于纤维封层的成型厚度较薄,通过测量的试验路面的平均厚度为4mm,原路面的刚度较大,在负温度梯度作用下,原路面也会产生超过本身材料的抗拉强度的拉应力而使原路面面层开裂。这种裂缝的存在也会促使纤维封层表面裂缝的发展。

纤维封层由于较薄,可以看作纤维夹在碎石之间,按照冷拌沥青混合料理解。

纤维的嵌锁咬合作用,提高了开裂断面抗剪切传荷能力,纤维的存在使纤维封层表面的裂缝尖端的应力减小,有效地阻止了裂缝的进一步的扩展。

另外,按照复合材料科学原理,纤维的增韧作用与纤维本身的强度和韧性没有任何的关系,而来自于纤维与基体材料,因材料性质差异在纤维和基体界面附近形成的残余应力应变场及显微裂纹。这种残余应力应变场要么来自纤维和基体材料因热膨胀系数的巨大差异,或是因为纤维在某一温度下相变而产生膨胀。残余应力应变场可以抵消部分外加荷载,从而降低宏观裂纹扩展时裂纹尖端的应力;残余应力场在纤维和基体界面处产生的显微裂纹将部分释放材料中的应变而使裂纹区中存在残余应变,在宏观裂纹扩展后,其尾区的残余应变将降低裂纹尖端的应力;由于形成显微裂纹,显微裂纹周围材料的弹性模量降低而成为软化材料,它也有助于降低宏观裂纹扩展时裂纹尖端的应力,从而阻止裂纹的进一步的发展。

(2)反射裂纹的扩展。目前用土工织布、玻璃纤维格栅等土工加筋材料防止反射裂缝,它们的受力变形实质上是一种复合材料中增强相的行为,应具有较强的界面特性。这种界面特性体现在土工加筋材料与填料之间的力与变形的相互关系。

纤维封层施工时,撒铺纤维之前先洒铺一层乳化沥青,增强的纤维和纤维封层与路面的结合,能改善裂缝处拉应力的集中,即使纤维与路面联结不好,此时纤维的张力较大,因荷载的复合效应,纤维仍能降低裂缝尖端的应力。有研究表明,铺设纤维等土工筋材还能增大裂缝的扩展角,即是延长裂缝扩展路径和裂缝发展的时间。因此,纤维封层能降低裂缝尖端的应力,起到阻裂的作用。沥青混合料路面层间加铺玻璃纤维格栅能有效阻止反射裂缝的扩展,纤维封层中的纤维也能起到这样的效果。

3.3 原材料基本技术要求

3.3.1 乳化沥青

从纤维封层的原理可知,结合料必须同时保证足够的黏结性能和流动性能。乳化沥青只有具有足够的黏结性能,才能保证骨料与原路而、骨料与骨料之间的黏结;在封层没有成型前,乳化沥青必须有一定的流动性,以确保在胶轮的压实作用下有足够的爬升能力,只有这样才能确保封层的质量。

3.3.2 纤维

纤维的用量根据路面的状况、施工类型、路而龟网裂严重程度进行确定。龟网裂越严重,纤维用量越大。应力吸收中间层比做磨耗层的纤维用量要大。纤维可切制成 30mm、60mm 或 120mm。

3.3.3 碎石

对碎石种类无特殊要求,可以采用石灰岩、花岗岩、玄武岩等,常用级别为:4 ~ 6mm,6 ~ 10mm,10 ~ 14mm。具体所用级配要根据交通量,施工结构等不同因素选择,骨料要清洁。对磨耗层和应力吸收中间层施工,原则上以上 3 种碎石级配均可采用,磨耗层养护施工普遍采用 6 ~ 10mm 碎石级配。通用类型,应力吸收中间层施工采用 4 ~ 6mm 碎石级配通用类型,纤维封层各材料用量见表 3-1。

纤维封层各材料用量技术参数　　表 3-1

施工类型	乳化沥青用量 (kg/m^{-2})	纤维用量 (g/m^{-2})	碎石用量 ($m^3/10^{-3} \cdot m^{-2}$)
应力吸收层	1.5 ~ 1.9	70 ~ 120	6 ~ 10
磨耗层	1.6 ~ 2.3	60 ~ 100	8 ~ 12

3.4 抗剥落剂

抗剥落剂的具体用量须根据路面的具体状况和试验来确定。以经验来说,抗剥落剂添加量一般为沥青质量的 30%,计算公式如下:

$$\text{抗剥落剂用量} = \text{沥青质量} \times 0.30$$

3.5 纤维封层配合比设计方法

纤维封层与碎石封层在结构上很相似,只是比碎石封层多了一层纤维,因此,纤维封层配合比设计可以参考碎石封层,再加上纤维的配合比设计即可。对于碎石封层的设计,不同国家和地区有不同的方法,但设计内容主要包括沥青洒布率和石料撒布率两项,归纳起来可以分为经验配比法和理论计算法两类。

3.5.1 经验配比法

(1)美国的密歇根州、加利福尼亚州等道路科研人员认为碎石封层是“不可设计”的,要求工程师在施工中根据情况在允许的用量范围内确定材料撒布率,这便是经验配比法。

(2)我国经验配比方法,主要有以下 3 个方面:

①对碎石用量的要求。碎石在路面上应完全覆盖,否则就会露黑,而且容易黏

住后续设备轮胎，把下面沥青连碎石一起卷起，影响施工质量。在沥青用量满足要求的前提下，若碎石用量明显不足，沥青液面的抬升高度就不够，从而导致沥青对碎石的裹覆高度不足，因而对碎石的固定能力降低，日后路面经车辆轮胎的挤压和推拉，碎石颗粒会很快脱落，达不到封层效果。尽管如此，碎石覆盖率也没必要超过100%。因为多余的碎石没有沥青的黏结，一开始浮在路面上，经车辆行驶碾压，最后还是会飞出路面，造成资源浪费。上封层及加铺磨耗层常用的4种碎石经多次施工试验得出碎石用量，见表3-2。

碎 石 用 量 表3-2

碎石粒径(mm)	3~5	5~10	8~12	10~15
碎石用量(L/m^2)	3.8	7.5	9.0	9.8

②对沥青用量的要求。沥青用量原则应是能够牢固地将碎石料固定在沥青混合料摊铺层上而又不至于泛油。根据碎石封层的特点，碎石封层路面经碾压后沥青必须将碎石裹覆2/3才能达到这一目的。由于不同粒径碎石的粒径上限不同，沥青液面被抬升后的高度要求也就不同。因此，要求沥青洒布到沥青混合料面层上的沥青液面高度也不同，即沥青用量也是不同的。在碎石用量满足要求的前提下，当沥青用过低，沥青液面被抬升后的高度过低，对碎石的裹覆强度不足，路面上碎石颗粒易脱落。当沥青用过多时，会出现沥青外露太多的情况。这样，施工时沥青易黏住后续设备轮胎，把下面沥青连同碎石一块卷起，影响施工质量。日后路面由于沥青外露太多，使碎石与车辆轮胎的接触减少，路面的摩擦力不足，经暴晒后易泛油，影响行驶，同时造成资源浪费。

上封层及加铺磨耗层常用的4种碎石所配合使用的沥青用量经多次施工试验得出沥青用量表见表3-3。

沥 青 用 量 表3-3

碎石粒径 D(mm)	3~5	5~10	8~12	10~15
沥青用量 q(L/m^2)	0.5	1.0	1.2	1.5

沥青用量 q 可用经验公式 $q = D/10$ 计算，q 的单位为 L/m^2。可以看出沥青的用量与沥青的种类和相对密度无关。

(3)其他经验设计方法

将碎石均匀、紧密地撒满平底容器，根据碎石质量、撒布面积和撒布厚度计算得到石料撒布率的理论值；然后向该平底容器内注入适量洁净水直至刚好完全浸没石料，此时注入水量的2/3与容器底面积之比即为沥青结合料撒布率的理论值。采用该方法进行相关试验，所得数据见表3-4。

沥青结合料撒布率与加水量关系 表 3-4

沥青种类 \ 相关参数	碎石厚度（mm）	加碎石质量（g）	加水量（g）	沥青结合料撒布率（kg/m^2）
锦州 5 ~ 10	5	181.4	58	2.15
	10	357.1	108.3	4
阜新 5 ~ 10	5	193.6	54.1	2
	10	359.8	107.9	4

3.5.2 理论计算法

比较有代表性的理论计算法有 Mcleod 方法、Lovering 方法、美国的沥青协会方法等[7]。

(1) Mcleod 理论算法。

碎石封层中碎石和沥青用量的计算方法最初由 Norman McLeod 提出，后来被美国 SHRP(Strategy Highway Research Program)采纳，用于碎石封层的设计，在美国明尼苏达州得以应用[7]。该方法假设集料平均高度的 70% 被沥青结合料填充，并认为集料用量由集料级配、形状和密度决定，结合料撒布率由集料级配、吸收度、形状、交通量、路面状况和所用沥青材料中基质沥青的含量共同决定。采用如下的公式计算：

$$B=\frac{0.40H\times T\times V+S+A+P}{R}$$

$$H=\frac{M}{1.139285+0.011506\times FI}$$

式中：B——沥青结合料撒布率（$1/m^2$）；

H——集料层的平均高度；

T——交通量修正系数；

V——松装集料的空隙率（%）；

S——表面情况系数（$1/m^2$）；

A——集料吸附系数（$1/m^2$）；

P——路面硬度修正系数（$1/m^2$）；

R——乳化沥青中沥青的含量；

M——集料的中间粒径；

FI——针片状集料含量。

集料用量采用如下公式计算：

$$C=(1-0.4V)\times H\times G\times E$$

式中：C——集料用量（kg/m^2）；

G——集料的相对密度；

E——集料浪费系数（%）。

（2）汉森和杰克逊理论法。

新西兰工程师汉森与杰克逊提出的理论设计方法，考虑了碎石撒布和碾压后空隙的差别以及通车后造成碎石定向排列的影响。汉森观察到碎石在受到行车作用后，有令其最短的断面呈现在竖直方位的趋势，从而提出了碎石平均最小尺寸 *ALD* 的概念。通常可取 200 颗碎石样本，测量试样的最小粒径并取平均值作为 *ALD*。一般而言 *ALD* 越大，则碎石相互挤压越紧，黏结料的用量也越多，并将按埋入深度的情况形成较深的纹理构造。尽管碾压和行车会造成一些石料发生破裂，但这并不会使 *ALD* 的理论失效。因为，破裂一般发生在垂直方向，即使一块石料断成 2 ~ 3 截，它在路面深度方向的尺寸并不会减少。碾压后碎石之间的空隙取决于碎石的 *ALD*。

不同的国家和地区采用了不同的设计方法，可分为经验法和理论法两种。文献指出，理论法和经验法均可得出较为满意的结果。根据当地的实践，采用理论法作为指导，并基于交通条件、交通量、载货汽车比例、施工季节、气候特点以及每天的施工时间等因素，基于经验对结合料用量和骨料撒布量进行微调是非常关键的。

多个因素的同步碎石封层设计方法，对于防止骨料损失、泛油有着重要的意义。根据北美和加拿大设计方法的演变可知，测定原路面的构造和表面硬度用于设计同步碎石封层是必然的趋势。在设计中尽可能考虑多种因素，是理论法设计最重要的基础。

在设计中，沥青结合料的用量对于施工质量的好坏有着明显影响。结合料偏少，封层可能出现脱粒；偏多，则可能出现车道轮迹带严重的泛油。合适的用量要根据交通量、原有路面情况、施工季节、施工路段等做出调整。这既是经验法设计需要考虑的因素，也是完善理论法设计的重要基础。

3.5.3 配合比设计试验检验方法

由于纤维封层的配合比设计需要考虑到纤维的用量，因此，纤维封层配合比设计的过程同普通封层的设计是有一定区别的。纤维封层的配合比设计除了要确定乳化沥青用量，还应该包含确定纤维用量的过程。

纤维封层配合比的设计的试验主要是表面构造深度试验，湿轮磨耗试验，负荷轮黏砂试验，车辙变形试验和力学性能试验。抗滑性能试验方法较为成熟，国内外较多使用该试验方法来评价纤维封层的抗滑性能。湿轮磨耗试验适用于检验纤维封层成型后的耐磨耗性能和控制乳化沥青用量的下限。负荷轮黏砂试验适用于测定纤维封层中是否有过量乳化沥青,控制乳化沥青用量的上限,与湿轮磨耗试验一起确定纤维封层的最佳乳化沥青用量。车辙变形试验主要测定单位宽度的变形率

用于检验纤维封层成型后的抗车辙变形能

用于评价纤维封层成型后的力学性能。

沥青用量和5种纤维用量,并将其制

耗试验,负荷轮黏砂试验,车辙变

用量和纤维用量的各个指标的变

技术参数,见表3-5。

量范围参数 表3-5

	纤维用量(g/m²)
	60~120

用量的纤维封层的表面构造深度,

。一般情况下,构造深度越大,

擦系数越小,抗滑性能越差。

能见表3-6。

表3-6

胶乳用量(kg/t)	盐酸用量(kg/t)	pH值
60	6.5	2~3

首先用车辙成型机模拟做出底面积

在上面铺1cm厚的纤维封层。根

米。因此,在底面积为300mm×

一种乳化沥青和纤维含量。

40mm的沥青混凝土层若干

面积为300mm×300mm(在车

00mm×300mm的车辙试模的四

试验的准确性;

好的乳化沥青,称取需要质量的一

半用刷子将其均匀地刷于试模底部；

③称取纤维，并均匀地撒于刷在试模底部的乳化沥青上；

④立刻称取需要质量的另一半乳化沥青，再次将其均匀地刷于试模底部，使得两次刷乳化沥青之和为需要质量的乳化沥青；

⑤刷两次乳化沥青和一次纤维时，尽量使得乳化沥青和纤维均匀程度一致；

⑥称取所需的碎石，将其均匀撒于试模内部，并在车辙成型机上碾压成型；

⑦试样烘干至恒重，冷却至室温后，方可进行试验。

(3)结果及分析。

对于纤维封层的抗滑性能，依照规范规定的测量方法，测定在不同的乳化沥青用量，不同纤维掺量条件下的纤维封层的构造深度，其结果见表3-7和表3-8。

不同乳化沥青用量条件下的纤维封层的构造深度 表3-7

乳化沥青用量(kg/m²)	1.5	1.7	1.9	2.1	2.3
构造深度(mm)	1.883	1.746	1.624	1.513	1.415

不同纤维用量条件下的纤维封层的构造深度 表3-8

纤维用量(g/m²)	60	75	90	105	120
构造深度(mm)	1.683	1.747	1.786	1.813	1.883

①测定结果。根据试验结果，分别以乳化沥青用量和纤维用量为横坐标，以构造深度为纵坐标，将试验结果绘制成图见图3-6。

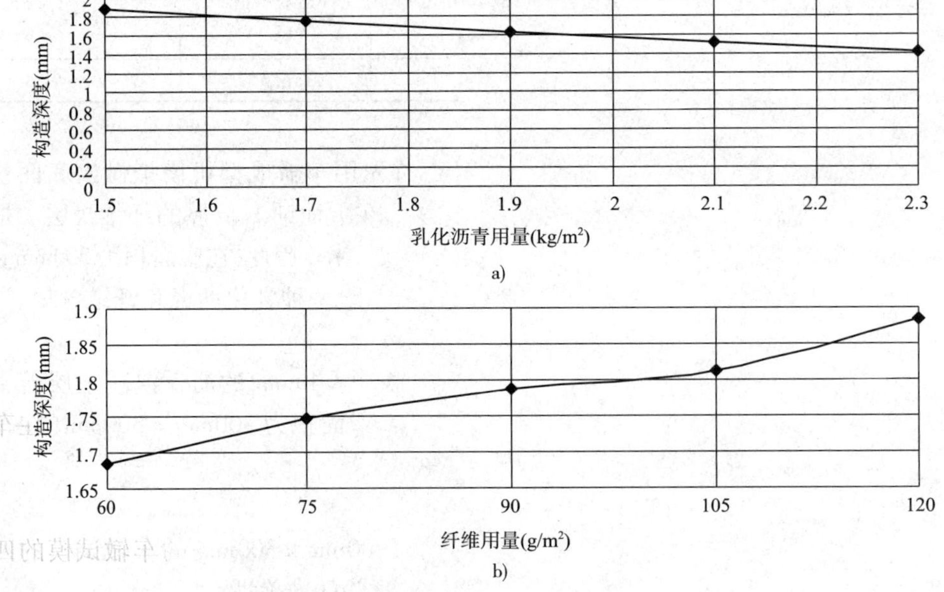

图3-6 乳化沥青用量和纤维用量与构造深度之间的曲线图

②结果分析。从图3-6所示的在不同乳化沥青用量和不同纤维用量条件下的构造深度变化曲线中可以发现,若纤维用量不变,随着乳化沥青用量的增加,纤维封层试件的构造深度有所减小,若乳化沥青用量不变,随着纤维用量的增加,纤维封层试件的构造深度均有所增加。

这是由于若纤维用量不变,随着乳化沥青用量的增加,沥青爬升高度增大,所以,纤维封层试件的构造深度有所减小。若乳化沥青用量不变,随着纤维用量的增加,纤维吸附的沥青量增加,纤维封层试件黏附的碎石量减少,沥青爬升高度降低,所以纤维封层试件的构造深度有所增加。当纤维用量达到120g/m^{2}时由于过量纤维存在,吸附的沥青量成为影响构造深度的主要因素,为此,构造深度增加得较快。

3.5.5 湿轮磨耗试验

(1)试件所用材料。

试验所用的乳化沥青为阳离子改性乳化沥青,其基本性能见表3-9。

乳化沥青基本性能　　表3-9

蒸发残留物含量(%)	乳化剂用量(kg/t)	胶乳剂用量(kg/t)	盐酸用量(kg/t)	pH值
64	10	60	6.5	2~3

纤维采用切成4cm长的玻璃纤维。碎石采用粒径为5~10mm的玄武岩碎石。

(2)试件设计。

湿轮磨耗试验:由于湿轮磨耗仪的试模很薄,不结实,如果直接使用湿轮磨耗仪的试模成型,很可能将试模压碎、试件无法成型。纤维封层湿轮磨耗试验的成型方法是难点。因此,为了使得纤维封层试件能够很好地成型,采用车辙成型机的试模成型。在试模里放入40mm厚的木板,在试模里再放入4个厚10mm直角边为100mm的等腰直角三角形木板,这样就能将湿轮磨耗试件放入湿轮磨耗仪的托盘中。

(3)试件制作。

纤维封层试件按照实际工程中的工序制作,湿轮磨耗试验的纤维封层试件面积为700cm^2(为了能将湿轮磨耗试件放入湿轮磨耗仪的托盘中,把30cm×30cm的试件在4个角去掉4个直角边为10cm的等腰直角三角形,即30cm×30cm－4×0.5×10cm×10cm＝700cm^2),在轮辙成型机上成型碾压820次(第一天碾压20次,第二天复压200次,第三天复压200次,第四天复压200次,第五天复压200次)。试件制备的具体步骤如下:

①在车辙试模里放入4cm厚的木板，在试模4个角再放入4个厚10mm直角边为10cm的等腰直角三角形木板，在周围贴上油毡纸，以防止乳化沥青黏到试模上影响试验的准确性。

②取出烘箱（温度控制在60℃±3℃）中烘好的乳化沥青，称取需要质量的一半用刷子将其均匀地刷于试模底部。

③称取纤维，并均匀地撒于刷在试模底部的乳化沥青上。

④立刻称取需要质量的另一半乳化沥青，再次将其均匀地刷于试模底部，使得两次刷乳化沥青之和为需要质量的乳化沥青。

⑤刷两次乳化沥青和一次纤维时，尽量使得乳化沥青和纤维均匀程度一致。

⑥称取所需的碎石，将其均匀撒于试模内部，并用车辙成型仪器压实。

⑦试样烘干至恒重，冷却至室温后，方可进行试验。

（4）试验装置。

湿轮磨耗试验的试验仪器，如图3-7所示。

图3-7　湿轮磨耗试验仪器

（5）湿轮磨耗试验需要以下仪具：

①湿轮磨耗仪：主要由盛样盘、磨耗头及机架组成。平底金属盛样盘的直径为330mm，垂直壁高为50mm可以取下，可依靠夹具与升降平台固定。磨耗头质量为2.27kg，下面靠夹具可固定胶管，胶管长为127mm。磨耗头的标准转速为自转140r/min，公转为61r/min。

②圆形模板：不小于300mm×300mm，厚6mm的塑料板，中间有一直径为279mm圆孔。

③油毛毡圆片：直径286mm。

（6）对比试件的分析。

湿轮磨耗试验过程中，在试验初期，会听到磨耗头与试件摩擦发出响声，随着试验的增加，试件上的矿料有些会被磨耗头磨掉，由于试件中乳化沥青的用量不同，试件表面的粗糙程度也不同，因此，试件的磨损程度也各不相同，对比试件，如图3-8所示。

对比试件1～3的表面磨损程度从小到大排列，对比试件1、2、3的磨损程度虽然有差别，但是它们的磨损程度都不是很大，磨耗值都在允许的范围内。对比试件4的磨损程度最大，有些地方甚至已经磨透。这是由于对比试件4的乳化沥青用量过少，导致乳化沥青对石料的黏结力不够。

（7）确定乳化沥青用量。

对于纤维封层的配合比设计，依照规范规定的试验方法，测定在不同的乳化沥青用量条件下的纤维封层的湿轮磨耗值，其结果见表3-10。

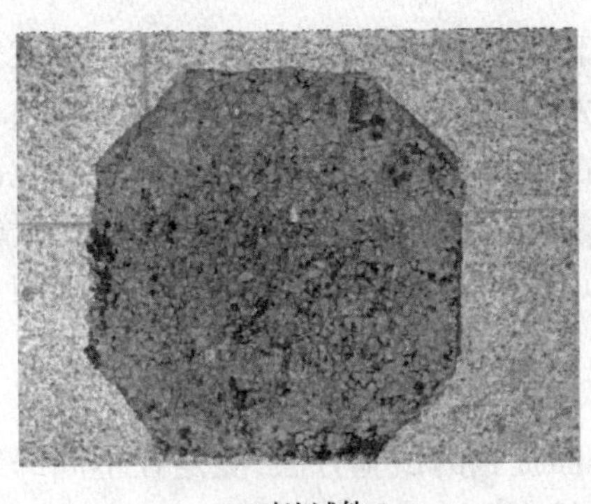

对比试件-1

对比试件-2

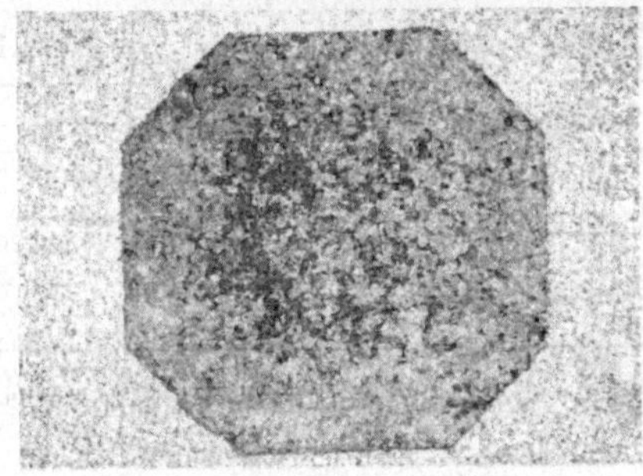

对比试件-3

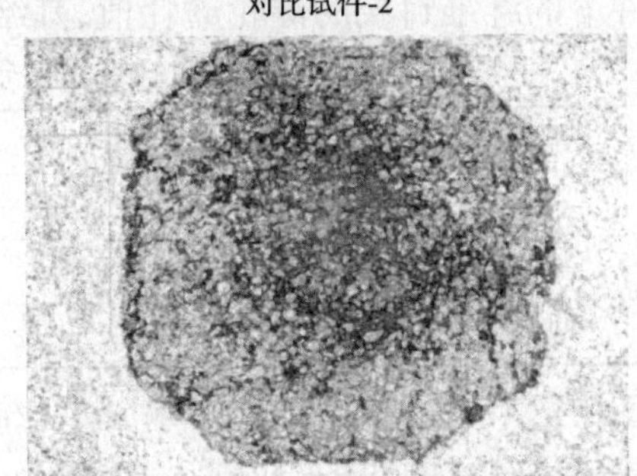

对比试件-4

图 3-8　对比试件的磨损程度

不同的乳化沥青用量条件下的湿轮磨耗值　　表 3-10

乳化沥青用量(kg/m^2)	滑轮磨耗值(g/m^2)	乳化沥青用量(kg/m^2)	滑轮磨耗值(g/m^2)
1.5	6394	2.1	3852
1.7	2741	2.3	3572
1.9	3388		

①测定结果。根据试验结果,以乳化沥青用量为横坐标,以湿轮磨耗值为纵坐标,将试验结果绘成曲线图,如图 3-9 所示。

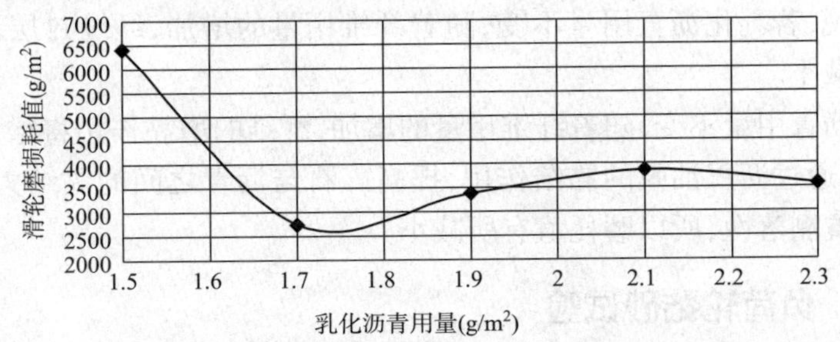

图 3-9　乳化沥青用量与湿轮磨耗值之间的曲线关系图

②结果分析。从图 3-9 中所示,在不同乳化沥青用量条件下的湿轮磨耗值变

化曲线中可以发现,若纤维用量不变,随着乳化沥青用量的增加,纤维封层试件的湿轮磨耗值先减小后增大,且磨耗值在乳化沥青用量为 1.7kg/m^{2}时达到最小。

这是由于当乳化沥青较少时,对碎石黏附力不强,磨耗值偏大。随着乳化沥青用量的增加,沥青对碎石黏附力增大,使纤维封层的整体性、抗剥落性都有所增强,磨耗值下降,且磨耗值在乳化沥青用量为 1.7kg/m^{2}时达到最小,乳化沥青用量最适宜。

(8)确定纤维用量。

对于纤维封层的配合比设计,可依照前面提到的试验方法,测定在不同纤维用量条件下的纤维封层的湿轮磨耗值,其结果见表 3-11。

不同的纤维用量条件下的湿轮磨耗值 表 3-11

纤维用量(g/m^2)	磨耗值(g/m^2)	纤维用量(g/m^2)	磨耗值(g/m^2)
60	4224	105	2988
75	3629	120	2524
90	3388		

①测定结果。根据试验结果,以纤维用量为横坐标,以湿轮磨耗值为纵坐标,将试验结果绘成曲线图,如图 3-10 所示。

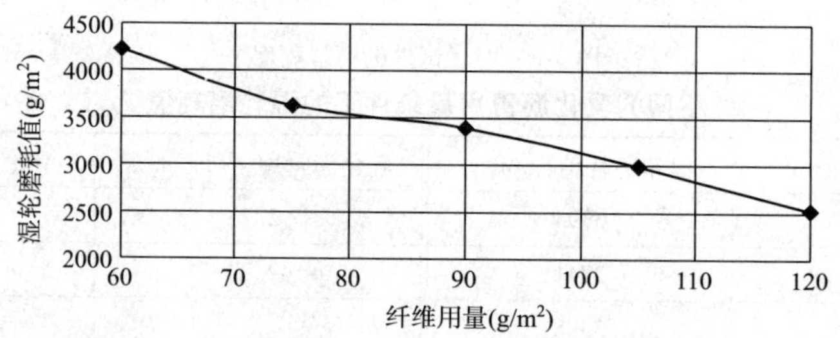

图 3-10 纤维用量与湿轮磨耗值之间的曲线关系图

②结果分析。从图 3-10 中所示,在不同纤维用量条件下的湿轮磨耗值变化曲线中可以发现,若乳化沥青用量不变,随着纤维用量的增加,纤维封层试件的湿轮磨耗值有所减小。

若乳化沥青用量不变,随着纤维用量的增加,纤维的增黏作用将增加沥青和矿料的黏附性,通过沥青油膜的黏结作用,提高碎石与沥青之间的黏结力,进而提高了纤维封层抗剥落性,所以磨耗值有所减小。

3.5.6 负荷轮黏砂试验

(1)试件所用材料。

试验所用的乳化沥青为阳离子改性乳化沥青,其基本性能见表 3-12。

乳化沥青基本性能　　表 3-12

蒸发残留含量（%）	乳化剂用量（kg/t）	胶乳用量（kg/t）	盐酸用量（kg/t）	pH 值
64	10	60	6.5	2～3

纤维采用切成 4cm 长的玻璃纤维。碎石采用粒径为 5～10mm 的玄武岩碎石。

(2)试件设计。

负荷轮碾压试验:如果直接使用负荷轮碾压仪的试模成型,会出现碎石飞散、试件无法成型的问题。纤维封层试件的成型方法仍是难点。负荷轮碾压仪的试模底面为 380mm×60mm,负荷轮碾压仪的有效碾压范围为 300cm,根据以往的试验,车辙变形在有效碾压范围为 300cm,而在两端 40mm 则几乎没有影响,因此,自制了底面为 300mm×60mm,高为 2cm 的试模,可以放在车辙仪里成型。这样的试件设计,既可以解决成型方法难的问题,又节省了乳化沥青等原材料。

(3)试件制作。

纤维封层试件按照实际工程中的工序制作,负荷轮黏砂试验的纤维封层试件面积为 300mm×60mm(在 300mm×60mm×3 个的是试模里做)在车辙仪上成型碾压 5 天(第一天碾压 420 次,第二天复压 1260 次,第三天复压 1260 次,第四天复压 1260 次,第五天复压 1260 次)。试件制备的具体步骤如下:

①在 300mm×60mm×3 个的自制试模里贴上油毡纸,以防止乳化沥青黏到试模上影响试验的准确性;

②取出烘箱(温度控制在 60℃±3℃)中烘好的乳化沥青,称取需要质量的一半用刷子将其均匀地刷于试模底部;

③称取纤维,并均匀地撒于刷在试模底部的乳化沥青上;

④立刻称取需要质量的另一半乳化沥青,再次将其均匀地刷于试模底部,使得两次刷乳化沥青之和为需要质量的乳化沥青;

⑤刷两次乳化沥青和一次纤维时,尽量使得乳化沥青和纤维均匀程度一致;

⑥称取所需的碎石,将其均匀撒于试模内部,并用车辙仪压实;

⑦试样烘干至恒重,冷却至室温后,方可进行试验。

(4)试验装置。

负荷轮碾压试验的试验仪器,如图 3-11 所示。

图 3-11　负荷轮碾压试验仪

(5)本试验需要下列仪具。

①负荷轮碾压试验仪:电动机功率为 0.25kW,转速为 1750r/min,传动曲柄的半径为 15cm,主动轮到脚轮轴的水平距离为 61cm。

②样品盘:77mm×407mm 去毛口的镀锌钢板托盘。

③试模:厚度有 3mm,5mm,6mm,8mm,10mm 数种,按需要选用,内部尺寸为 50mm×380mm。

(6)对比试件的分析。

荷轮碾压试验过程中,在试验初期,会听到负荷轮与试件摩擦发出响声,随着试验的增加,砂框内的热砂不断黏附到试件上,由于试件中乳化沥青的用量不同,黏附到试件表面的热砂量也不同,对比试件如图 3-12 所示。

对比试件-1　对比试件-2　对比试件-3　对比试件-4

图 3-12　负荷轮碾压试验的对比试件

对比试件 1、2、3 的黏附砂量都很大,黏附砂量都不在允许的范围内。对比试件 1 的黏附砂量最小。因为如果乳化沥青过少,乳化沥青能够黏附的石料就少,导致有些地方根本没有黏上石料;如果乳化沥青过多,乳化沥青能够黏附的石料也不会因此而增多,这是由纤维封层的成型方法决定的。

纤维封层的成型不同于混合料,属于复合材料,是一层乳化沥青、一层纤维、再一层乳化沥青、再经碾压形成,没有混合的过程。成型时,洒的乳化沥青会即时地向四周摊开,所以,乳化沥青与所黏附的石料不是正比的关系,所黏附的石料随乳化沥青的增加而逐渐趋于稳定,即增加的速度减慢。黏附的石料的增多赶不上乳化沥青的增长速度,当乳化沥青过多时,成型后就会形成泛油,黏附砂量也会很大。对比试件 1 的黏附砂量最小。这是由于对比试件 1 的乳化沥青与石料的比例较为合适。

(7)确定乳化沥青用量。

对于纤维封层的配合比设计,我们依照前面提到的试验方法,测定在不同的乳化沥青用量条件下的纤维封层的砂黏附量,其结果见表3-13。

不同的乳化沥青用量条件下的砂黏附量　表3-13

乳化沥青用量(kg/m²)	砂黏附量(g/m²)	乳化沥青用量(kg/m²)	砂黏附量(g/m²)
1.5	2320	2.1	1653
1.7	2013	2.3	2187
1.9	1333		

①测定结果。

根据试验结果,以乳化沥青用量为横坐标,以砂黏附量为纵坐标,将试验结果绘成曲线图,如图3-13所示。

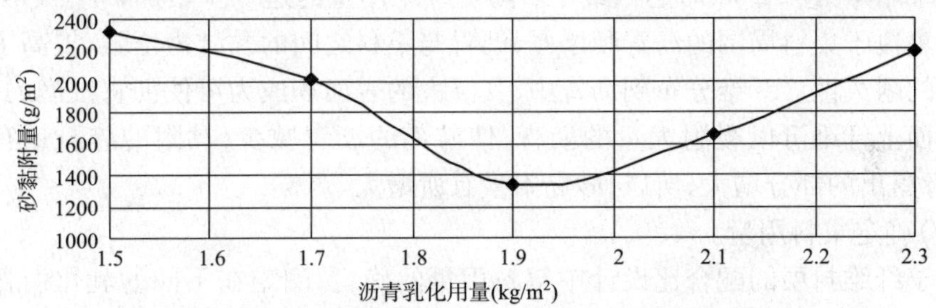

图3-13　乳化沥青用量与砂黏附量之间的曲线关系图

②结果分析。

从图3-13中所示,在不同乳化沥青用量条件下的砂黏附量变化曲线中可以发现,若纤维用量不变,随着乳化沥青用量的增加,纤维封层试件的砂黏附量也是先减小后增大,且砂黏附量在乳化沥青用量为1.9kg/m²时达到最小。

(8)确定纤维用量。

对于纤维封层的配合比设计,我们依照规范规定的试验方法,测定在不同纤维用量条件下的纤维封层的砂黏附量,其结果见表3-14。

不同的纤维用量条件下的砂黏附量　表3-14

纤维用量(g/m²)	砂黏附量(g/m²)	纤维用量(g/m²)	砂黏附量(g/m²)
60	1347	105	1840
75	880	120	1893
90	2173		

①测定结果。根据试验结果,分别以纤维用量为横坐标,以湿轮磨耗值、砂黏附量为纵坐标将试验结果绘成曲线图,如图3-14所示。

②结果分析。从图3-14中所示的在不同纤维用量条件下的砂黏附量变化曲线中可以发现,若乳化沥青用量不变,随着纤维用量的增加,纤维封层试件的砂黏附量先减小后增大。

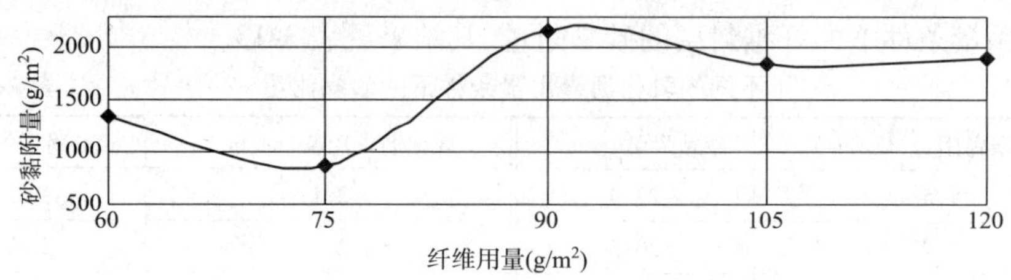

图 3-14　纤维用量与砂黏附量之间的曲线关系图

若乳化沥青用量不变,在纤维用量较少时,随着纤维用量的增加,纤维的增黏作用使得黏附的碎石量有所增加,沥青露出的部分减小,所以砂黏附量有所减小,且在纤维用量为 $75g/m^2$ 时达到最小。随着纤维用量的进一步增加,纤维的吸附作用使得裹覆于集料周围的沥青膜增厚,沥青与集料之间的黏结力增强,提高了沥青混合料的耐久性。纤维分布到沥青中,其巨大的表面积成为可使沥青浸润的界面,在此界面上纤维可以吸附大量的沥青,使游离的沥青减少,黏附的碎石量有所减少,沥青露出的部分增大,所以,砂黏附量有所增大。

(9)确定集料用量。

对于纤维封层的配合比设计中集料用量的确定,测定在不同的乳化沥青用量条件下和不同的纤维用量条件下所粘黏附的碎石量,其结果见表 3-15 和表 3-16。

不同的乳化沥青用量条件下所黏附的碎石量　　表 3-15

乳化沥青用量(kg/m^2)	1.5	1.7	1.9	2.1	2.3
黏附的碎石用量(kg/m^2)	15.4	16.1	17.5	18.6	19.6

不同的纤维用量条件下所黏附的碎石量　　表 3-16

纤维用量(g/m^2)	60	75	90	105	120
黏附的碎石用量(kg/m^2)	18.0	17.7	17.5	16.6	17.6

①测定结果。根据试验结果,分别以乳化沥青用量和纤维用量为横坐标,以黏附的碎石量为纵坐标,将试验结果绘成曲线图,如图 3-15 所示。

②结果分析。从图 3-15 中所示,在不同的乳化沥青用量条件下和不同的纤维用量条件下所黏附的碎石量变化曲线中可以发现,若纤维用量不变,随着乳化沥青用量的增加,纤维封层试件黏附的碎石量有所增加,但增加幅度不大;若乳化沥青用量不变,随着纤维用量的增加,纤维封层试件黏附的碎石量有所减小,减小幅度也不大。

这是由于若纤维用量不变,随着乳化沥青用量的增加,沥青的爬升高度就会升高,所以,纤维封层试件黏附的碎石量有所增加,但是乳化沥青用量的增加十分有限,为此,黏附的碎石量增加幅度不大。若乳化沥青用量不变,随着纤维用量的增加,纤维吸附及稳定沥青的量增加,则纤维封层试件黏附的碎石量有所减少。实际施工时不能只用黏附碎石用量的碎石量,要超过这个量。主要是因为在开放交通初期碎石与沥青的黏结还不牢固,随着行车的不断碾压会把碎石挤出,在碎石脱离的同时,沥青暴露出来,容易黏在车辆轮胎上。因此,施工时碎石用量须超过黏附碎石用量。根据经验增加黏附碎石量的1/6~1/5为宜。

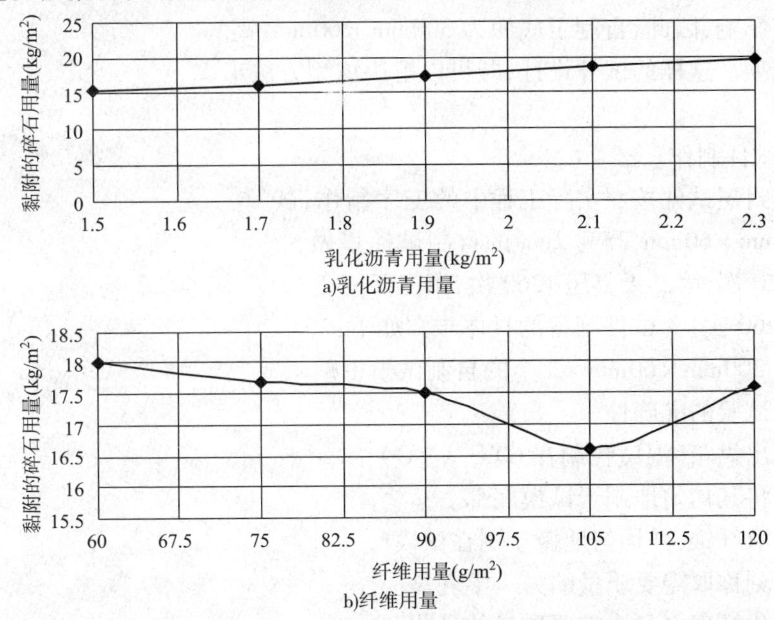

图3-15　乳化沥青用量,纤维分别与黏附的碎石量之间的曲线关系图

3.5.7　车辙变形试验

(1)试验方法。

试验研究纤维封层抗车辙变形性能的试验方法主要是车辙变形试验,所用的试验仪器是负荷轮碾压仪。研究纤维封层车辙变形性能的试验指标主要有两个,分别是单位宽度的变形率和单位厚度的车辙深度率。

(2)试件所用材料。

试验所用的乳化沥青为阳离子改性乳化沥青,其基本性能见表3-17。

乳化沥青基本性能　　表3-17

蒸发残留物含量(%)	乳化剂用量(kg/t)	胶乳用量(kg/t)	盐酸用量(kg/t)	pH值
64	10	60	6.5	2~3

纤维采用切成4cm长的玻璃纤维。碎石采用粒径为5~10mm的玄武岩碎石。

(3)试件设计。

本试验要在负荷轮碾压仪里面进行。如果直接使用负荷轮碾压仪的试模成型，会出现碎石飞散、试件无法成型的问题。本试验的纤维封层试件的成型方法是难点。负荷轮碾压仪的试模底面为 380mm × 60mm，负荷轮

为 300cm，根据以往的试验，车辙变形在有效碾压范围为

几乎没有影响，因此，自制了底面为 300mm × 60mm，高

仪器里成型。这样的试件设计，既可以解决成型方法难

等原材料。

（4）试件制作。

纤维封层试件按照实际工程中的工序制作，试

面为 300mm × 60mm，高为 2cm 的自制试模里做）

天碾压 420 次，第二天复压 1260 次，第三天复压

天复压 1260 次）。试件制备的具体步骤如下：

①在 300mm × 60mm × 3 个的自制试模里

模上影响试验的准确性。

②取出烘箱（温度控制在 60℃ ± 3℃）中

半用刷子将其均匀地刷于试模底部。

③称取纤维，并均匀地撒于刷在试模

④立刻称取需要质量的另一半乳化

两次刷乳化沥青之和为需要质量的乳化

⑤刷两次乳化沥青和一次纤维时，

⑥称取所需的碎石，将其均匀撒于

⑦试样烘干至恒重，冷却至室温后

准确至 0.1mm。

（5）试验装置。

车辙变形试验，要用到负荷轮碾压

（6）对比试件的分析。

车辙变形试验过程中，在试验初期

试验的进行，纤维封层试件不断被碾压

辙变形两方面。由于试件中乳化沥青的

件，如图 3-16 所示。

实验后，对比试件 1、3、4 的变形量都

因为如果乳化沥青过少，乳化沥青能够黏附

上石料，没有足够的石料作为强度支撑，所以

化沥青能够黏附的石料也不会因此而增多，这

纤维封层的成型不同于混合料，属于复合材料，是一层乳化沥青、一层纤维、再一层乳化沥青、再经碾压形成，没有混合的过程。成型时，洒的乳化沥青会即时地向四周摊开，所以，乳化沥青与所黏附的石料不是正比的关系，所黏附的石料随乳化沥青的增加而逐渐趋于稳定，即增加的速度减慢。黏附的石料的增多赶不上乳化沥青的增长速度，当乳化沥青过多时，成型后就会形成泛油，所以，变形量也会很大。对比试件2的变形量最小。这是由于对比试件2的乳化沥青与石料的比例较为合适。

对比试件-1　　对比试件-2

对比试件-3　　对比试件-4

图3-16　车辙变形试验的对比试件

(7)结果及分析。

对于纤维封层的高温稳定性，我们依照规范规定的方法，测定在不同的乳化沥青用量下的纤维封层的单位宽度的变形率 *PLD*、单位厚度的车辙深度率 *PVD*，试验用游标卡尺测出试件3处的宽度变形率和车辙深度率。其结果见表3-18和表3-19。

单位宽度的变形率 *PLD*(%)　　表3-18

乳化沥青用量(kg/m^2)	1.3	1.5	1.7	2.1	2.3
1	10.176	4.740	1.501	3.080	5.133
2	10.945	6.105	0.922	4.549	5.979
3	9.661	5.621	3.434	4.728	4.607
平均值	10.261	5.489	1.952	4.119	5.240

单位厚度的车辙深度率 **PVD**(%)　　表 3-19

乳化沥青用量(kg/m²)	1.3	1.7	1.9	2.1	2.3
1	8.761	11.740	13.931	13.644	18.956
2	3.3820	10.983	12.059	15.317	12.774
3	3.431	15.098	14.465	14.931	18.165
平均值	5.191	12.607	10.952	14.631	16.632

①测定结果。根据试验结果,以乳化沥青用量为横坐标,分别以单位宽度的变形率 *PLD*(%)和单位厚度的车辙深度率 *PVD*(%)为纵坐标,将试验结果绘成曲线图,如图 3-17 所示。

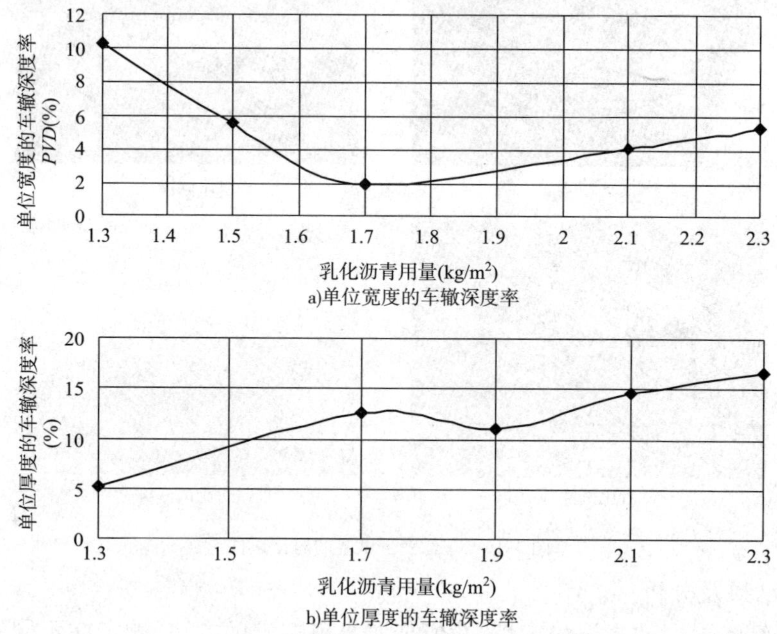

a)单位宽度的车辙深度率

b)单位厚度的车辙深度率

图 3-17　乳化沥青与单位宽度的变形率,单位厚度的车辙深度率的曲线关系

②结果分析。从图 3-17 中所示,在不同乳化沥青用量的条件下的单位宽度的变形率 *PLD*(%)单位厚度的车辙深度率 *PVD*(%)变化曲线中可以发现,若纤维用量不变,随着乳化沥青用量的增加,纤维封层试件的单位宽度的变形率先减少后增加,纤维封层试件的单位厚度的车辙深度率有所增加,并且单位宽度的变形率在乳化沥青用量为 1.7kg/m²时达到最小。

这是由于若纤维用量不变,当乳化沥青用量较少时,乳化沥青黏附的石料就少,导致有些地方根本没有黏上石料,没有足够的抗变形能力,所以,宽度变形率就大。随着乳化沥青用量的增加,纤维封层抗变形能力逐渐增大,宽度变形率逐渐减小,并且单位宽度的变形率在乳化沥青用量为 1.7kg/m²时达到最小。随着乳化沥青用量的进一步增加，沥青层厚度也随之增厚，纤维封层的抗变形能力下降，宽度变形率逐渐减小。当乳化沥青过多时，成型后就会形成泛油，所以变形量也会很大。车辙深度率只与乳化沥青用量有关，随着乳化沥青用量的增加，沥青层厚度随之增厚，抗车辙能力下降，车辙深度率逐渐增加。

根据规范单位宽度的变形率 *PLD* 须小于 5%，宽度的变形率确定乳化沥青用量为 1.6～2.2kg/m^2。乳化沥青用量最佳值为 1.7kg/m^2。

3.6 力学性能试验

纤维封层作为一种道路养护技术，在道路工程领域里得到了迅速的应用。虽然纤维封层的力学强度研究较多，但是有关纤维封层的配合比与力学强度之间关系的研究还很少。纤维封层暴露在路的表面，就要不断承受行车荷载，拉拔和剪切力势必会对纤维封层造成影响，因此，研究纤维封层的力学强度有十分重要的意义。

通过试验研究不同乳化沥青用量和不同纤维用量的纤维封层的拉拔应力和剪切应力，得出纤维封层较适宜的乳化沥青和纤维的用量范围。

(1)试验模型。

试验研究纤维封层力学强度的试验主要是拉拔和剪切试验。纤维封层的拉拔试验是在试验温度为 25℃ 的情况下，对水平放置在车辙成型试模内的纤维封层试件进行垂直方向拉拔试验，面荷载直径为 40mm 的圆。纤维封层的剪切试验是在试验温度为 25℃ 的情况下，对水平放置在车辙成型试模内的试件进行水平方向剪切试验，面荷载为 50mm×50mm。试验模型，如图 3-18 所示。

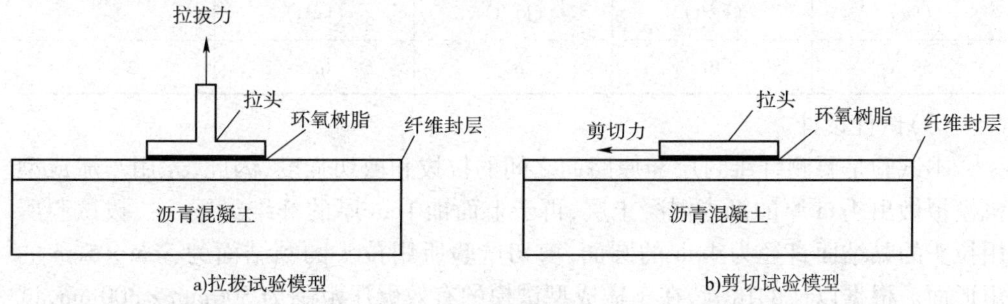

图 3-18 试验模型

(2)试验需要下列仪具和材料：

①拉拔和剪切仪。

②轮碾成型机。具有与钢筒式压路机相似的圆弧形碾压轮，轮宽 300mm，压实线荷载为 300N/cm 碾压行程等于试件长度，经碾压后的板块状试件可达到马歇尔

试验标准击实密度的100±1%。

③试模。由高碳钢或工具钢制成，试模尺寸应保证成型后符合要求试件尺寸的规定。试验室制作车辙试验板块状试件的标准试模，内部平面尺寸为300mm×300mm，高50mm。

④拉头。参考《公路钢箱梁桥面铺装设计与施工技术指南》，黏结强度试验采用的拉头为不锈钢或黄铜制作，其尺寸分别为Φ20mm，Φ50mm和Φ60mm，根据设备或测试要求选择。纤维封层层间拉拔力检测的试验中，拉头采用铁板制作，直径Φ40mm，厚度为15mm。由碎石封层的拉拔力的试验结果，取拉拔力为2500N进行拉头应变计算。

$$\sigma = \frac{F}{S}$$

$$\sigma = E\varepsilon$$

式中：$F = 2500\text{N}$；$E = 2.0 \times 10^5\text{MPa}$；$S = 1256\text{mm}^2$。

由上式计算拉头的应变为9.95×10^{-6}，拉头的变形非常小，既满足变形的要求，又便于放置平稳。

⑤拉力计。拉力计采用的是数显式拉力计，量程为5000N，精度1N。由参考文献[10]可知，满足测量的要求；

⑥黏结剂。拉拔试验所用的胶采用中国科学院大连化物所生产的JGN型建筑结构胶黏剂。试验所用的乳化沥青为阳离子改性乳化沥青，其基本性能见表3-20。

乳化沥青基本性能 表3-20

蒸发残留物含量（%）	乳化剂用量（kg/t）	胶乳用量（kg/t）	盐酸用量（kg/t）	pH值
59.3	10	60	6.5	2~3

（3）试件设计。

本试验是要测纤维封层与原路面之间的拉拔和剪切强度，因此，先用车辙成型机模拟做出4cm厚的沥青混凝土层，再于上面铺1cm厚的纤维封层。拉拔试验所用拉头的黏结面直径为4cm的圆面，剪切试验所用拉头的黏结面为5cm×5cm的矩形面。根据以往的试验，在车辙成型试模的有效碾压范围为300mm×300mm，试验所用的拉头可以黏4（4个比较值）×3（3个平行点），即12个拉头。这样的试件设计，大大节省了乳化沥青等原材料的用量。

（4）试件制作。

用车辙成型机模拟统一做出300mm×300mm，厚40mm的沥青混凝土层若干块，纤维封层试件按照实际工程中的工序制作，试件面积为300mm×300mm（在车辙试模里做)，在车辙成型机上成型碾压300次(第一天碾压20次，第二天复压280次)。试件制备的具体步骤如下：

①将沥青混凝土块放于车辙成型试模里，在300mm×300mm的车辙试模的四周贴上油毡纸，以防止乳化沥青黏到试模上影响试验的准确性。在沥青混凝土块上按4等分处贴上5处10mm宽的油毡纸(其中：中间3个，两边各一个)，以防止乳化沥青外流。

②取出烘箱(温度控制在60℃±3℃)中烘好的乳化沥青，称取需要质量的一半用刷子将其均匀地刷于试模底部。

③称取纤维，并均匀地撒于刷在试模底部的乳化沥青上。

④立刻称取需要质量的另一半乳化沥青，再次将其均匀地刷于试模底部，使得两次刷乳化沥青之和为需要质量的乳化沥青。

⑤刷两次乳化沥青和一次纤维时，尽量使得乳化沥青和纤维均匀程度一致。

⑥称取所需的碎石，将其均匀撒于试模内部，并用手压实；试样烘干至恒重，冷却至室温后，将纤维封层试件表面打磨平整，在纤维封层试件表面黏贴拉头，强度上来后，方可进行试验。

(5)试件制作说明。

沥青混凝土垫块制备尺寸为300mm×300mm，高40mm沥青混合料的轮碾成型试块，沥青混合料的集料级配选用细粒式AC-13，见表3-21。

AC-13 级配 表3-21

筛孔尺寸		13.2	9.5	4.75	2.36	1.18	0.6	0.3	0.15	0.075
通过率	上限	100	85	68	50	38	28	20	15	8
	下限	90	68	38	24	15	10	7	5	4
	中值	95	76	53	37	26	19	14	10	6

试验中合成级配采用规范规定的级配中值，合成级配曲线见图3-19。

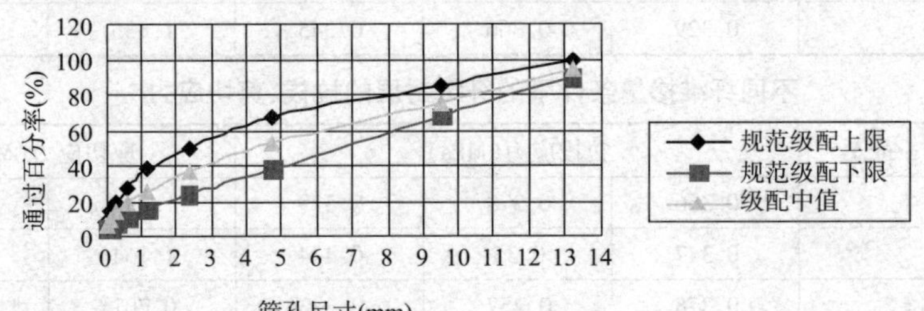

图3-19 AC-13级配曲线

①在做好的沥青混凝土垫块上做纤维封层，在轮辙成型机上碾压成型。碾压次数为300次(第一天碾压20次，第二天复压280次)。

②在打磨好的纤维封层试样上用胶黏上拉头。拉拔试验所用的拉头的黏结面

直径为4cm的圆面。拉拔试验所用的胶为环氧树脂，为确定黏结时间，作了环氧树脂胶的黏结强度随时间的变化试验。试验结果表明黏结时间2h时，黏结强度可达到0.13Mp；黏结时间4h时，黏结强度就可达到0.28MPa，由此推算12h便可达到1MPa以上。因此，在纤维封层试样上用环氧树脂胶黏上拉头后，12h便可进行拉拔和剪切试验。

(6)试验步骤：

①用手持打磨机将纤维封层表面轻微打磨，用切割机切成方形至垫层；将加热的拉头黏在纤维封层上。待黏结剂强度达到要求后，将纤维封层试样重新装回车辙标准试模内进行拉拔试验。

②保持试模水平，将仪器正确安装在拉头，用拉力计在一定的速率下进行拉拔试验。

③进行拉拔和剪切试验，试验过程保持匀速。

④拉头拉出后取出拉头，测量拉头上所黏结的纤维封层的长度和宽度，准确至1 mm。记录仪器显示的数值。

(7)结果及分析。

对于纤维封层的力学强度，可依照前面提到的测量方法，测定在不同的乳化沥青用量，不同纤维掺量条件下的纤维封层的拉拔剪切应力，其结果见表3-22和表3-23。

不同乳化沥青用量条件下的纤维封层的拉拔、剪切应力 表3-22

乳化沥青用量(kg/m^2)	拉拔应力(MPa)			剪切应力(MPa)	
1.3	0.274	0.224	0.262	0.885	1.046
1.5	0.271	0.237	0.282	1.188	1.165
1.7	0.316	0.242	0.269	0.995	1.046
1.9	0.27	0.293	0.255	0.693	0.811
2.1	0.291	0.297	0.296	0.812	1.111
2.3	0.329	0.306	0.345	1.135	1.08

不同纤维掺量条件下的纤维封层的拉拔、剪切应力 表3-23

纤维用量(g/m^2)	拉拔应力(MPa)			剪切应力(MPa)	
60	0.366	0.378	0.329	1.091	1.18
70	0.347	0.35	0.444	1.164	1.082
80	0.378	0.457	0.343	0.701	0.699
90	0.213	0.48	0.372	0.685	0.628
100	0.337	0.406	0.376	0.774	0.586
110	0.295	0.273	0.329	0.568	0.559
120	0.342	0.347	0.371	0.496	0.524

①测定结果。根据上述试验结果,分别以乳化沥青用量和纤维用量为横坐标,应力为纵坐标,将试验结果以拉拔应力和剪切应力绘成曲线图,如图 3-20,图 3-21 所示。

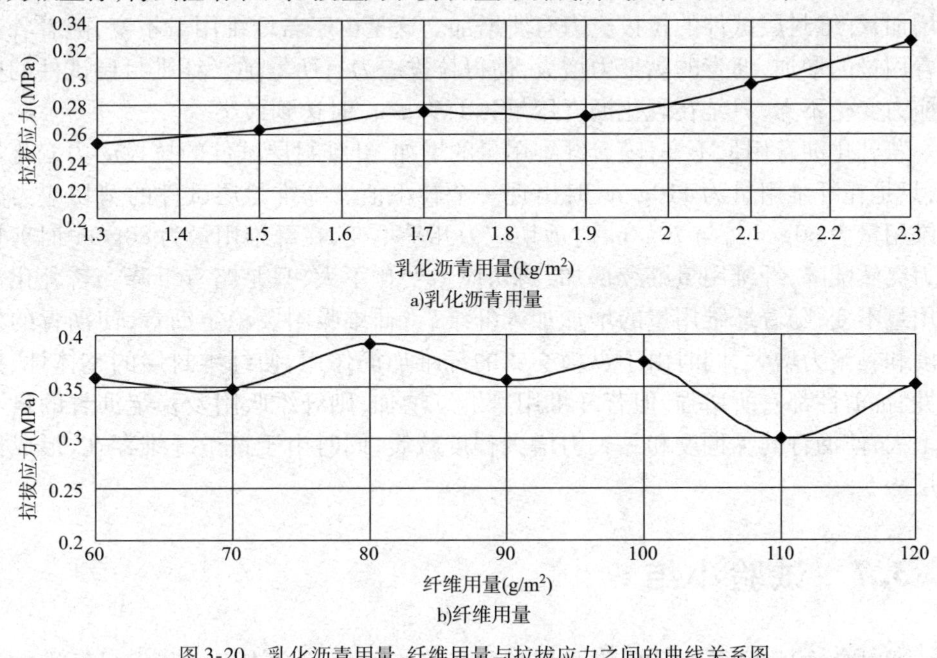

图 3-20　乳化沥青用量,纤维用量与拉拔应力之间的曲线关系图

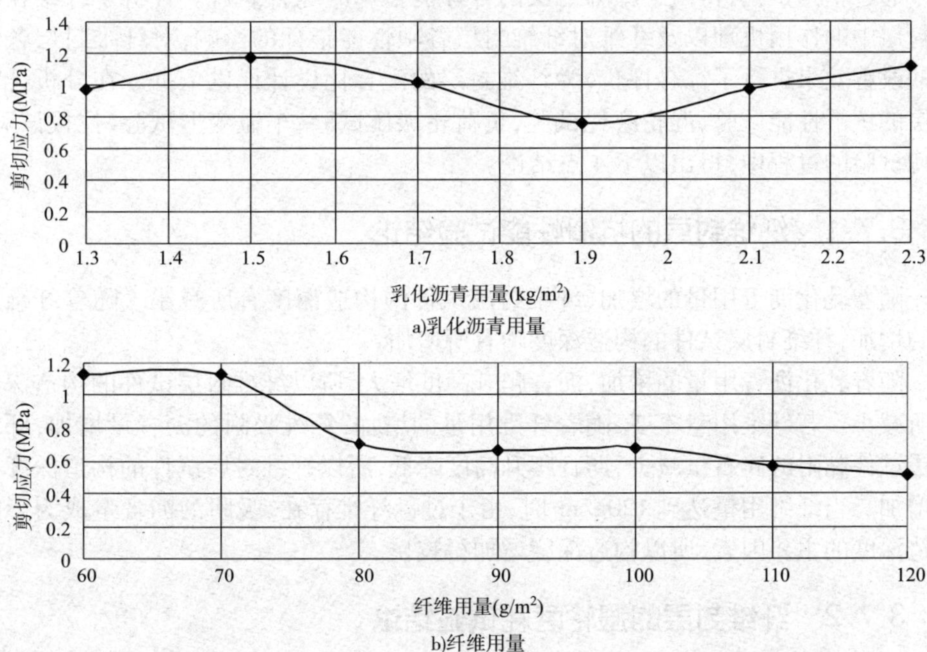

图 3-21　乳化沥青用量,纤维用量与剪切应力之间的曲线关系图

②结果分析。从图3-21中所示，在不同乳化沥青用量和不同纤维用量条件下的拉拔应力和剪切应力变化曲线中可以发现，若纤维用量不变，随着乳化沥青用量的增加，纤维封层试件的拉拔应力有所增加。这是由于若纤维用量不变，随着乳化沥青用量的增加，沥青的黏聚力增大，使得拉拔应力有所增加。纤维封层试件的剪切应力变化不大，只是在乳化沥青用量为1.9kg/m^{2}时达到最小。

若乳化沥青用量不变，随着纤维用量的增加，纤维封层试件的拉拔应力变化不大，只是在纤维用量为110g/m^{2}时出现一个较小值。纤维封层试件的剪切应力在纤维用量为60g/m^2，与70g/m^{2}时剪切应力几乎不变，在纤维用量为80g/m^{2}时剪切应力突然陡降，纤维用量继续增加，剪切应力变化不大，只是略有下降。若乳化沥青用量不变，随着纤维用量的增加加入纤维后，纤维吸附及稳定沥青，使沥青的黏稠度和黏聚力增大，同时由于纵横交错的纤维加筋作用，使纤维封层的整体性、抗拉性、抗剪性都有所增强，但若纤维用量继续增加，则纤维吸附及稳定沥青的量不再增大，使沥青的黏稠度和黏聚力增大程度减缓，同时由于过量纤维存在，形成薄弱层。

3.7 试验小结

通过室内试验，得出了纤维封层的各性能指标的综合表现。分析了纤维在纤维封层中的作用机理以及纤维对纤维封层各项性能指标的影响，对纤维封层各性能的改善效果进行了综合评价，为纤维封层的配合比设计提供依据。在分析纤维封层的抗滑性能试验，湿轮磨耗试验，负荷轮碾压试验，车辙变形试验，拉拔试验，剪切试验的过程中，得出以下4点结论。

3.7.1 纤维封层的抗滑性能试验结论

随着乳化沥青用量的增加，纤维封层试件的构造深度有所减小。随着纤维用量的增加，纤维封层试件的构造深度均有所增加。

随着乳化沥青用量的增加，沥青爬升高度增大，所以纤维封层试件的构造深度有所减小。若纤维用量不变，随着纤维用量的增加，纤维吸附的沥青量增加，纤维封层试件黏附的碎石量减少，沥青爬升高度降低，所以纤维封层试件的构造深度有所增加。当纤维用量达到120g/m^{2}时，由于过量纤维存在，吸附的沥青量成为影响构造深度的主要因素，所以构造深度增加得较快。

3.7.2 纤维封层的湿轮磨耗试验结论

随着乳化沥青用量的增加，纤维封层试件的湿轮磨耗值先减小后增大，且磨耗值在乳化沥青为1.7kg/m²时最小。这是由于当乳化沥青较少时,对碎石黏附力不强,磨耗值偏大。随着乳化沥青用量的增加,沥青对碎石黏附力增大,使纤维封层的整体性、抗剥落性都有所增强,磨耗值下降,且磨耗值在乳化沥青1.7kg/m²时达到最小,乳化沥青用量最适宜。

随着纤维用量的增加,纤维封层试件的湿轮磨耗值有所减小。这是由于若乳化沥青用量不变,随着纤维用量的增加,纤维的增黏作用将增加沥青和矿料的黏附性,通过沥青油膜的黏结作用,提高碎石与沥青之间的黏结力,进而提高了纤维封层抗剥落性,所以磨耗值有所减小。

3.7.3 纤维封层的负荷轮碾压试验结论

随着乳化沥青用量的增加,砂黏附量也是先减小后增大,且砂黏附量在乳化沥青1.9kg/m²时最小。这是由于在乳化沥青用量较少时,所黏附的碎石也较少,沥青露出的部分较多,所以,砂黏附量较大。随着乳化沥青用量的增加,黏附的碎石量也增大,沥青露出的部分逐渐减小,所以砂黏附量逐渐减小,且乳化沥青用量为1.9kg/m²时达到最小。但若乳化沥青用量继续增加,黏附的碎石量不再显著增大,同时由于过量乳化沥青存在,形成泛油,所以,砂黏附量逐渐增大。

随着纤维用量的增加,砂黏附量先减小后增大。若乳化沥青用量不变,在纤维用量较少时,随着纤维用量的增加,纤维的增黏作用使得黏附的碎石量有所增加,沥青露出的部分减小,所以,砂黏附量有所减小,且在纤维用量为75g/m²时达到最小。随着纤维用量的进一步增加,纤维的吸附作用使得裹覆于骨料周围的沥青膜增厚,沥青与骨料之间的黏结力增强,提高了沥青混合料的耐久性。纤维分布到沥青中,其巨大的表面积成为可使沥青浸润的界面,在此界面上纤维可以吸附大量的沥青,使黏附的碎石量有所减少,砂黏附量有所增大。

3.7.4 纤维封层的车辙变形试验结论

随着乳化沥青用量的增加,单位宽度变形率先减少后增加,并且单位宽度变形率在乳化沥青用量为1.7kg/m²时达到最小。这是由于若纤维用量不变,当乳化沥青用量较少时,乳化沥青黏附的石料就少,导致有些地方根本没有黏上石料,没有足够的抗变形能力,所以,宽度变形率就大。随着乳化沥青用量的增加,纤维封层抗变形能力逐渐增大,宽度变形率逐渐减小,并且单位宽度的变形率在乳化沥青用量为1.7kg/m²时达到最小。随着乳化沥青用量的进一步增加,沥青层厚度也随之增厚,纤维封层的抗变形能力下降,宽度变形率逐渐减小。当乳化沥青量过多时,成型后就会形成泛油,所以变形量也会很大。

随着乳化沥青用量的增加，单位厚度车辙深度率有所增加。因为车辙深度率只与乳化沥青用量有关，随着乳化沥青用量的增加，沥青层厚度随之增厚，抗车辙能力下降，车辙深度率逐渐增加。根据规范单位宽度的变形率 *PLD* 须小于 5%，宽度的变形率确定乳化沥青用量为 1.6 ~ 2.2kg/m^2。乳化沥青用量最佳值为 1.7kg/m^2。

4 纤维封层使用性能研究

纤维封层使用性能主要进行以下内容的研究：

(1)纤维封层层间黏结强度影响因素分析。首先确定纤维封层在实验室内成型的碾压次数，然后在沥青混凝土垫块上模拟原路面的裂缝及麻面病害状况，再在垫块上铺一层纤维封层，在车辙成型机上碾压500次成型，用层间的纯剪和拉拔试验检测原路面的裂缝及麻面对层间黏结强度的影响，用斜剪试验研究了沥青和纤维的用量对层间剪切强度的影响。

(2)对加入不同类型纤维沥青混合料的性能进行试验分析，从而为不同类型的纤维封层的使用提供参考价值。分析7种沥青混合料的力学性能、水稳定性、高温稳定性、低温性能及疲劳性能，对比分析不同纤维对沥青混合料路用性能的影响。

(3)玄武岩纤维与玻璃纤维的比较，并对玄武岩纤维的最佳掺量和玄武岩纤维的最佳适用长度进行研究

(4)纤维沥青碎石下封层配合比设计方法研究。纤维沥青碎石封层的抗剪、抗渗以及抗裂性能是衡量纤维沥青碎石封层路用性能的关键指标，围绕这些关键性指标进行合理的配合比设计是科学地进行纤维沥青碎石封层实践的第一步，针对纤维沥青碎石封层组成结构特点，主要从以下几个方面进行研究：

①剪切强度与材料类型及用量关系；

②抗渗水性与材料类型及用量关系；

③抗裂性能与材料类型及用量关系。

4.1 纤维封层层间黏结性能影响因素分析

4.1.1 试验方案

针对纤维封层的施工工艺，可把纤维封层的层间黏结强度影响因素分为两大类：一是纤维封层组成材料；二是原路面裂缝的类型。对于每种因素的不同水平，同时采用拉拔和剪切试验对层间的黏结强度进行评价。这两种类型的试验采用同一种试验成型方法。

(1)纤维封层组成材料。

①沥青用量对层间黏结强度的影响此因素考虑两个水平，按照纤维封层施工时的乳化沥青平均技术参数，取乳化沥青用量的最大值和最小值。

②纤维含量对层间黏结强度的影响。根据纤维封层施工平均技术参数，把玻璃纤维用量分为7个因素水平进行试验分析。

(2)裂缝的类型。

根据路面的病害情况，将裂缝的类型分为纵横单一裂缝、十字形交叉裂缝和米字型裂缝，分别对应于纵横裂缝、轻度龟裂和严重龟裂。每一种裂缝类型根据裂缝的宽度不同又分为4个因素水平。

(3)试件的成型。

①纤维封层垫块按照《公路工程沥青及沥青混合料试验规程》(JTJ 052—2000)中T 0703—1993的方法制作300mm×300mm×40mm的沥青混合料垫块。

②纤维封层在垫块上刷沥青、撒纤维和碎石，然后在车辙试验成型机上进行初步碾压和复压，通过层间拉拔试验确定试件成型在3天内最终碾压次数。

(4)主要试验器具。

在《公路钢箱梁桥面铺装设计与施工技术指南》中，黏结强度试验方法采用的拉头为不锈钢或黄铜制作，其尺寸分别为Φ20mm，Φ50mm和Φ60mm，根据设备要求或测试要求选择。拉力计采用的是指针式拉力计和数显式拉力计，量程和精度分别为500N、0.2N和5000N、1N。

剪切验的拉头尺寸为50mm×50mm×25mm。手持打磨机、剪切支架和金葫芦拉力计。

(5)试验方法。

用手持打磨机将纤维封层表面轻微打磨，用切割机切成方形至垫层；将加热的拉头用建筑胶黏剂黏贴在纤维封层上。剪切强度试验示意图如图4-1所示。待黏结剂强度达到要求后，进行剪切试验。沥青和纤维对层间黏结强度的影响采用斜剪和拉拔的同时对比检测的试验，用纯剪和拉拔同时对比试验检测裂缝类型对层间黏结强度的影响。

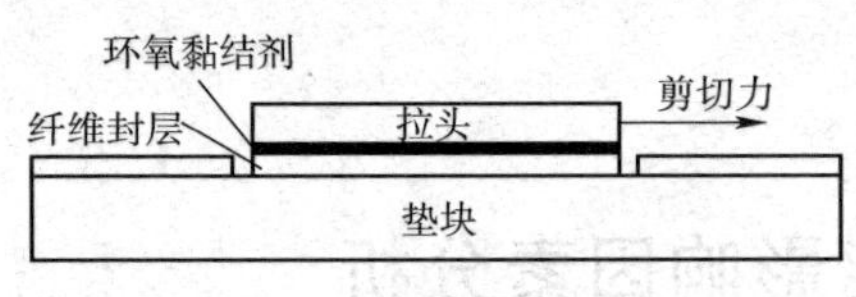

图4-1 剪切强度试验示意图

4.1.2 沥青和纤维含量对层间剪切性能的影响

(1)试验仪具。

①拉头：尺寸为50mm×50mm×25mm，拉头数量以试验所需而定。

②拉力计：数显式拉力计，量程为5000N，精度1N。

③剪切支架：1个，能够承受一定量的压力。

④金葫芦:1 个,量程满足试验要求即可。

⑤垫块:木质垫块 2 个,厚度 50mm 左右。

⑥试模:车辙试验成型试模 2 个。

⑦手持切割机:1 个。

(2)试验材料。

①黏结剂:中国科学院大连化物所生产的 JGN 型建筑结构胶黏剂,组分配比甲:乙 =3:1。

②沥青:改性乳化沥青,用量 $1.4kg/m^2$。

③纤维:喷射无捻粗纱玻璃纤维,纤维长度取 40mm,当沥青用量改变时,纤维用量为 $60g/m^2$。

④碎石:规格为 5 ~10 的玄武岩,实验室与工程用量相同为 $0.01m^3/m^2$。

⑤胶皮:胶皮的尺寸为 300mm ×300mm ×12mm。

⑥油毡纸:切割成尺寸为 300mm ×10mm 的条形待用。

(3)剪切试件成型步骤。

①在车辙试验成型试模中垫一层 10mm 厚的铁板或者木板,按照《公路工程沥青及沥青混合料试验规程》(JTJ 052—2000)中 T0703—1993 的试验方法制作 300mm ×300mm ×40mm 的垫块试件。

②把乳化沥青倒到矿泉水瓶内,放置在烘箱内加热 1 ~2h。

③用普通的建筑胶把切割好的油毡纸顺着垫块成型碾压方向黏贴在垫块上,要黏贴 2 ~3 层,间距为 60mm。垫块试件如图 4-2 所示。

④把黏贴好油毡纸的垫块试件放到车辙成型试模中,把加热好的乳化沥青倒到铝质容器中,用刷子在试件上先刷一层乳化沥青,用量是总用量的一半;然后称量玻璃纤维,撒铺到刷一层沥青的试件上,再刷另一半用量的乳化沥青;撒铺碎石。

⑤把撒铺碎石的试件放到车辙成型机上,试件上垫一层胶皮初压 20 次,12h 后复压 200 次,第 2 天再碾压 300 次,第 3 天进行斜剪试验。车辙成型机如图 4-3 所示。

图 4-2　垫块试件

图 4-3　车辙成型机

(4)成型碾压次数的确定。

为了检测碾压次数对纤维封层层间的黏结强度的影响，在三天时间内，分别对试件进行了 150 次、200 次和 250 次无胶皮垫层的碾压，并进行了拉拔试验；为了模拟胶轮压路机和减少碎石被压碎的概率，对试件进行了有胶皮垫层的 500 次和 600 次碾压，并进行了拉拔试验，拉拔位移速率为 20mm/min；试验结果见表 4-1。纤维封层层间的拉拔强度随碾压次数的不同，其变化的趋势如图 4-4 所示。

层间拉拔应力试验结果 表 4-1

碾压次数	拉拔力（N）	直径 d_1（mm）	直径 d_2（mm）	有效力平均值（N）	有效强度值（MPa）	试验温度（℃）
150	341.8	50	50	340.9	0.1629	25
	348.0	50	55			
	332.8	50	55			
200	441.6	50	50	384.1	0.1956	25
	356.4	50	50			
	384.2	50	50			
250	370.4	46	38	354.2	0.2406	25
	361.8	54	41			
	330.4	38	44			
500	373.0	47	37	404.7	0.2646	26
	391.0	50	42			
	450.0	42	47			
600	453.0	45	50	459.0	0.2706	26
	493.0	48	48			
	431.0	43	45			

由图 4-4 知，实验室模拟的纤维封层在 3 天内分别碾压 150 次、200 次和 250 次，碾压 200 次和 250 次拉拔强度增长的斜率为 0.0009，层间的拉拔强度增长曲线的斜率较大，而碾压 500 次和 600 次拉拔强度增长的斜率为 0.0001，增幅只是前者的 11% 左右。碾压次数从 250 次到 600 次，强度曲线的斜率较小，层间的拉拔强度增长幅度减缓，并趋于最大值，碾压 500 次以后，拉拔强度增长幅度趋于平稳。所以，纤维封层成型试验的碾压次数取拉拔强度增长幅度较小对应的碾压次数。

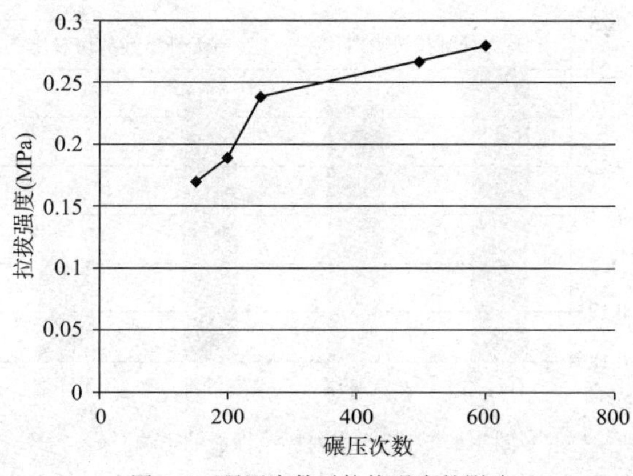

图 4-4　碾压次数对拉拔强度的影响

(5)试验方法分析。

①拉拔和剪切试验的选择。为了试验纤维含量对拉拔和剪切的影响程度,用乳化沥青,沥青用量相同,为 1.4kg/m^2;纤维含量为 60g/m^2 和没有纤维的两种类型的试件分别进行拉拔和剪切试验,纤维长度 40mm。采用剪切试件的成型方法,在 3 天内,对要成型的试件无胶皮碾压 250 次。对成型的试件做纯剪切和拉拔试验,试验方法与斜剪方法(在下一节介绍)基本相同。拉拔试验的破坏面积按照破坏面的两个垂直直径取平均值计算,拉拔速率为 20mm/min;剪切试验的破坏面积的计算,是量取两相邻破坏面边长,求矩形的面积,剪切位移速率为 60mm/min。试验结果见表 4-2 和图 4-5。

纤维含量对拉拔和剪切强度的影响　　表 4-2

试验方法	拉拔或剪切力(N)	直径或边长(mm)	直径或边长(mm)	有效力平均值(N)	有效强度值(MPa)	试验温度(℃)
有纤维拉拔试验	370.4	46	38	354.2	0.2406	25
	361.8	54	41			
	330.4	38	44			
无纤维拉拔试验	382.0	42	45	334.0	0.2331	26
	328	47	41			
	292	34	47			
有纤维剪切试验	404.2	39	45	417.4	0.2345	26
	422	42	40			
	426	40	48			
无纤维剪切试验	471.8	44	47	400.5	0.2020	26
	338.0	45	44			
	391.8	43	44			

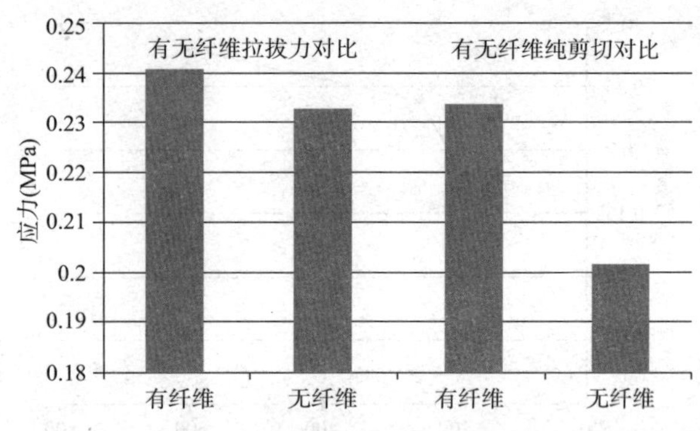

图 4-5　纤维含量对黏结性能的影响

由图 4-5 可知,纤维含量对层间的拉拔强度影响较小,有无纤维的拉拔强度只相差 0.008MPa;有无纤维的纯剪切强度相差了 0.032MPa,对层间的剪切强度影响较大;所以采用剪切试验的方法,检测纤维含量对层间黏结性能的影响。

②垂直荷载的加载分析。汽车在路面上行驶时,其轮胎和地面的附着力与汽车自重有很大的关系;当汽车轮胎与地面的附着系数达到峰值时水平力最大,沥青混凝土路面的峰值附着系数在 0.80 ~0.9。纤维封层路面的峰值附着系数还没有相关的研究,进行剪切试验时,在剪切拉头上加了 50kg 的力,加载是为了更好的模拟汽车行驶时的真实情况和减小试验误差。

(6)层间剪切试验分析。

①试验步骤分为 6 步:

a. 将剪切拉头放置于 100℃左右的烘箱中加热 1h 待用。

b. 用手持打磨机将成型好的试件表面稍微打磨平整,能够使剪切拉头与打磨面黏结平稳即可。然后,根据拉头的大小,将打磨面切割成比拉头尺寸稍大的矩形。

c. 配制建筑结构胶黏结剂,将黏结剂涂抹在切割好的矩形面上,黏结剂涂抹量根据打磨面的构造深度做出相应的调整。

d. 试件黏贴后 24h 左右就可以进行拉拔试验,试验时在拉头上加载 50kg 的力,剪切速率为 60mm/min。

e. 记录试验温度、试验剪切力、矩形破坏面的两相邻边长和破坏面的状态,整理试验仪器。

f. 试验数据的处理。剪切面按照矩形破坏面的面积计算,剪切强度用剪切与剪切面的比值计算。单个试件的试验结果,其允许误差不超过平均值的 20,超过此误差范围的试验数据应舍弃。

②试验结果分析有以下两点:

a. 在试验温度为 24.5℃的情况下,纤维含量对纤维封层层间剪切强度的影响试验结果,见表 4-3,层间的剪切强度随纤维含量的变化曲线见图 4-6。

纤维含量对剪切强度的影响　　表 4-3

纤维含量 (g/m^2)	剪切力 (N)	边长 (mm)	边长 (mm)	有效力平均值 (N)	有效强度值 (MPa)
0	1315	57	42	1132.0	0.4177
	1322	59	60		
	1327	50	54		
60	1494	50	65	1264.0	0.3635
	991	57	52		
	1264	57	45		
70	1152	60	54	1151.3	0.3248
	1110	60	60		
	1192	55	51		
80	1210	56	49	1226.0	0.3532
	1116	61	47		
	1351	56	58		
90	947	50	61	985.0	0.3218
	955	60	42		
	1026	55	52		
100	886	52	57	781.0	0.2327
	735	60	56		
	722	52	58		
110	1031	50	46	964.0	0.3503
	888	48	54		
	973	53	58		
120	1119	54	53	1115.0	0.3286
	1034	60	59		
	1192	57	58		

由图 4-6 可知，纤维的含量为零时，层间的剪切强度是最大的，说明纤维对层间的黏结强度有很大的影响；这时相当于同步碎石封层路面养护技术。但是为了满足路面的护裂性等要求，在层间加铺玻璃纤维后，封层层间的黏结强度明显的降低。

当纤维含量在 60 ~ 100g/m^2变化时，除了纤维含量在 80g/m^2时，层间的剪切张度出现小范围的峰值之外，纤维封层层间的剪切强度随纤维用量的增加而减小，最小值是最大值的 64% 左右。

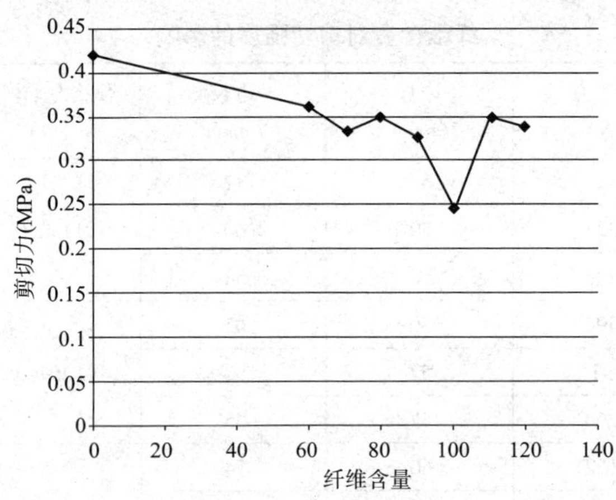

图4-6　层间剪切强度随纤维含量的变化曲线

当纤维含量增加到110g/m^{2}时,层间的剪切强度明显上升,强度值相当于纤维含量在80g/m^{2}时的强度值,纤维用量增加到120g/m^2,层间的剪切强度又呈现下降的趋势。由试验破坏面状态得知,纤维含量对破坏面几乎没有影响,破坏面是封层与原路面之间损坏。

b. 为了检测乳化沥青用量对层间黏结强度的影响,选取了两个水平进行试验,试验结果见表4-4。

沥青含量对剪切强度的影响　　表4-4

沥青含量(kg/m^2)	剪切力(N)	边长(mm)	边长(mm)	有效力平均值(N)	有效强度值(MPa)
1.3	1532	56	62	1292.7	0.3866
	1126	61	55		
	1220	54	59		
2.0	1227	58	62	1168.7	0.3342
	1123	62	55		
	1156	58	60		

由表4-4可知,乳化沥青含量高的纤维封层,其层间的剪切强度小于乳化沥青用量少的纤维封层层间的剪切强度,前者的强度是后者的86%。原因在于从成型到剪切试验只有3d的时间,在碎石撒铺量一定的情况下,沥青用量多的试件,在垫块和上封层之间形成一层沥青薄弱层,使层间的剪切强度降低。

4.1.3　裂缝类型对层间黏结强度的影响

(1)路面裂缝状况分析。

随着公路建设事业的快速发展,为保证公路在具有良好的路用性能的情况下正常运行,公路养护显得尤为重要。公路沥青路面的主要病害类型有裂缝类、松散类、变形类等,其中裂缝就是沥青路面的主要病害之一,特别在寒冷地区,沥青路面裂缝病害也比较严重。虽然裂缝病害一般不会影响公路的正常使用,但因裂缝的发展引起沥青路面产生松散、坑槽、沉陷、翻浆、基层强度降低等严重后果,加速了沥青路面病害的发生,缩短了路面的使用寿命,降低路面的使用性能;另外,裂缝也是造成沥青路面早期破坏的根源[17]。我国规范对裂缝类型的划分见表4-5。

裂缝类型的划分 表4-5

裂缝类型	分级	外观描述	分级指标	计量单位
龟裂	轻	初期龟裂,缝细、无散落,裂区无变形	块度20~50cm	m^2
	中	裂块明显,缝较宽,无或轻散落或轻度变形	块度<20cm	m^2
	重	裂块破碎,缝宽,散落重,变形明显,急待修理	块度<20cm	m^2
不规则裂缝	轻	缝细,不散落或轻微散落,块度大	块度>100cm	m^2
	重	缝宽,散落,裂块小	块度50~100cm	m^2
纵裂	轻	缝壁无散落或轻微散落,无或少支缝	缝宽≤5mm	m^2
	重	缝壁散落重,支缝多	缝宽>5mm	m^2
横裂	轻	缝壁无散落或轻微散落,无或少支缝	缝宽≤5mm	m^2
	重	缝壁散落重,支缝多	缝宽>5mm	m^2

纤维封层技术是封层类预防性养护的一种,有研究表明:原路面状况对封层类预防性养护后的道路使用效益有很大的影响,原路面状况越差,其养护后的使用效益就越低。说明在道路使用寿命的不同阶段实施相应的养护措施,可以节省道路的寿命周期成本。为了定量的研究路面的裂缝对纤维封层层间的黏结强度的影响,根据路面的实际状况,从施工工艺的角度,按照裂缝的宽度对裂缝进行了分类,分类结果见表4-6。

裂缝类型划分 表4-6

裂缝类型	微裂缝	微小裂缝	小裂缝	中裂缝	大裂缝
裂缝宽度(mm)	<2	2~6	6~12.7	12.7~25	>25

通过对养护前路面裂缝类型的分析,我们了解了原路面的裂缝病害程度,可以帮助我们对施工技术参数进行调整,为研究养护后纤维封层路面的路用性能提供

了理论依据，进而进行道路预防性养护方法及其时机的选择。

（2）试验器具与材料。

①试验器具有以下7种。

a. 拉头。剪切拉头尺寸为50mm×50mm×25mm，拉拔拉头尺寸为直径40mm的圆形拉头，拉头数量以试验所需而定。

b. 拉力计。数显式拉力计，量程为5000N，精度为1N。

c. 剪切支架。1个，能够承受一定量的压力。

d. 金葫芦。1个，量程满足试验要求即可。

e. 垫块。木质垫块两个，厚度50mm左右。

f. 试模。车辙试验成型试模2个。

g. 手持切割机。1个。

②试验材料主要有以下6种：

a. 黏结剂：中国科学院大连化物所生产的JGN型建筑结构胶黏剂，组分配比甲∶乙=3∶1。

b. 沥青：改性乳化沥青，用量1.4kg/m^2。

c. 纤维：喷射无捻粗纱玻璃纤维，长度40mm，纤维用量为60g/m^2。

d. 碎石：规格为5～10mm的玄武岩，实验室与工程用量相同为0.01m^3/m^2。

e. 胶皮：胶皮的尺寸为300mm×300mm×12mm。

f. 油毡纸：切割成尺寸为300mm×10mm的条形待用。

（3）试件成型和试验步骤。

根据路面裂缝的类型，选取了单一裂缝、十字交叉裂缝和米字型3种裂缝类型作为影响纤维封层层间黏结性能的3个因素，分别对应于纵横裂缝、轻度龟裂和严重龟裂；按照裂缝宽度的分类方法，每种影响因素又分为4个水平，分别为微小裂缝、小裂缝、中裂缝和大裂缝。每种水平的取值见表4-7。以便试件成型时对裂缝进行模拟。

裂缝宽度取值 表4-7

裂缝类型	微小裂缝	小裂缝	中裂缝	大裂缝
裂缝宽度（mm）	4	11	16	27

①试件的成型方法有以下6种：

a. 在车辙试验成型试模中垫一层10mm厚的铁板或者木板，按照《公路工程沥青及沥青混合料试验规程》（JTJ 052—2000）中T0703—1993的试验方法制作垫块试件，试件的尺寸为300mm×300mm×40mm。

b. 把乳化沥青倒到矿泉水瓶内，放置在烘箱内加热1～2h。

c. 用手持切割机在成型好的垫块上按照裂缝宽度切割裂缝，进行裂缝的模拟。

并在裂缝的边缘按照裂缝的宽度进行凿毛处理。现场路面裂缝和实验室模拟裂缝的对比如图 4-7 所示。

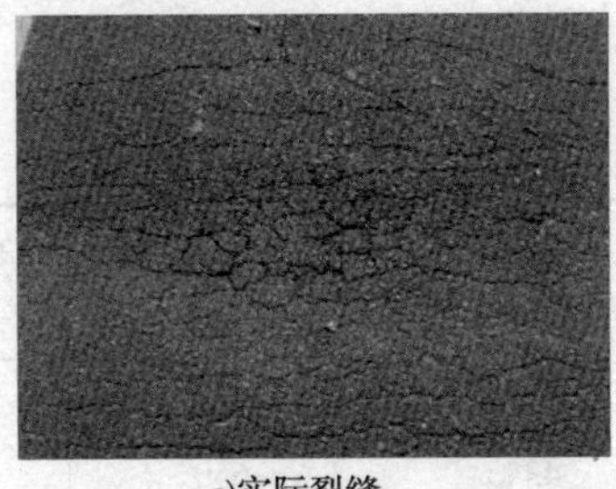
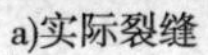
a)实际裂缝

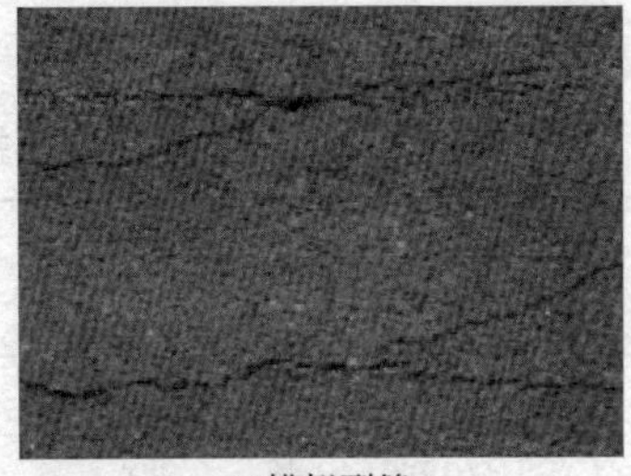
b)模拟裂缝

图 4-7　现场路面裂缝和实验室模拟裂缝的对比

d. 用普通的建筑胶把切割好的油毡纸顺着垫块成型碾压方向黏贴在垫块上，要黏贴 2 ~ 3 层，间距为 60mm。

e. 把黏贴好油毡纸的垫块试件放到车辙成型试模中，把加热好的乳化沥青倒到铝质容器中，用刷子在试件上先刷一层乳化沥青，用量是总用量的一半；然后称量纤维，撒铺到刷一层沥青的试件上，再刷另一半用量的乳化沥青；撒铺碎石。

f. 把撒铺碎石的试件放到车辙成型机上，试件上垫一层胶皮初压 20 次，12h 后复压 200 次，第 2 天再碾压 300 次，第 15 天后进行拉拔和纯剪切试验。

②试验步骤如下：

a. 将剪切拉头放置于 100℃左右的烘箱中加热 1h 待用。

b. 用手持打磨机将成型好的试件表面稍微打磨平整，能够使剪切拉头与打磨面黏结平稳即可。然后根据拉头的大小，将打磨面切割成比拉头尺寸稍大的矩形。

c. 配制建筑结构胶黏结剂，将黏结剂涂抹在切割好的矩形面上，黏结剂涂抹量根据打磨面的构造深度做出相应的调整。

d. 试件黏贴后 24h 左右就可以进行拉拔和剪切试验，拉拔试验的位移速率是 100mm/min，剪切试验位移速率为 60mm/min。

e. 记录试验温度、试验拉拔力、试验剪切力、矩形破坏面的两相邻边长、拉拔试验破坏面的两个相互垂直的直径和破坏面的状态，整理试验仪器。

f. 试验数据的处理：剪切面按照矩形破坏面的面积计算，剪切强度用剪切与剪切面的比值计算。拉拔试验的破坏面积按照两个垂直直径取平均值求得，破坏面按照圆形计算，进而计算拉拔强度。单个试件的试验结果，其允许误差不超过平均值的 20，超过此误差范围的试验数据应舍弃。

(4)试验结果分析如下：

①纵横裂缝。为了分析路面的纵横裂缝对纤维封层层间黏结性能的影响，又

把这一影响因素分为4个水平同时进行了拉拔和纯剪切试验,试验温度为25℃。试验结果见表4-8和表4-9,层间的黏结强度随裂缝宽度的变化曲线如图4-8所示。

裂缝宽度对拉拔强度的影响 表4-8

裂缝宽度（mm）	拉拔力（N）	直径（mm）	直径（mm）	有效力平均值（N）	有效强度值（MPa）
4	736	45	53	650	0.3846
	612	48	4343		
	602	43	5046		
11	694	52	53	636.3	0.3096
	745	52	55		
	470	43	50		
16	574	47	52	587.0	0.3083
	777	52	45		
	600	48	50		
27	519	48	52	515.7	0.2815
	584	52	43		
	444	43	50		

裂缝宽度对剪切强度的影响 表4-9

裂缝宽度（mm）	剪切力（N）	边长（mm）	边长（mm）	有效力平均值（N）	有效强度值（MPa）
4	930	51	59	1076.3	0.3603
	1290	60	51		
	1009	48	60		
11	947	52	58	1066.3	0.3480
	1077	59	52		
	1175	50	62		
16	759	51	59	895.7	0.3027
	1047	59	49		
	881	50	60		
27	1011	50	60	868.3	0.2946
	784	60	48		
	810	50	59		

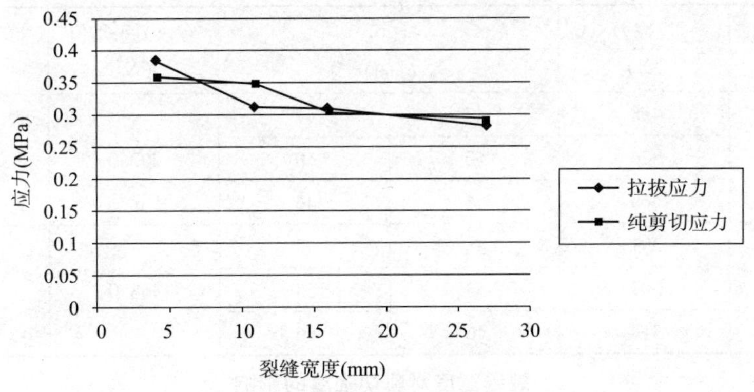

图 4-8　裂缝宽度对黏结强度的影响

由图 4-8 可知，当裂缝为纵横单一裂缝，裂缝宽度由 4mm 增加到 11mm 时，纤维封层层间拉拔应力明显下降，后者拉拔强度只是前者的 80% 左右，当裂缝宽度继续增加时，裂缝宽度对层间的拉拔强度的影响波动不大。裂缝宽度由 4mm 增加到 11mm 时，裂缝宽度对层间的纯剪切应力影响不大，而当裂缝增加到 16mm 时，剪应力下降了 13%，裂缝宽度继续增加时，剪应力变化波动较小。

在裂缝宽度相同的情况下，纤维封层层间的拉拔应力和纯剪切应力比较的接近，特别是裂缝宽度是 16mm 和 27mm 时，拉拔应力和纯剪切应力几乎相等；裂缝宽度为 11mm 时，拉拔应力和纯剪切应力相差最大，为 0.05MPa 左右。纤维封层层间的拉拔应力和纯剪切应力随裂缝宽度的增大而不断的减小，裂缝宽度对纤维封层层间的黏结性能影响较大。施工前对宽度大于 4mm 的纵横裂缝进行填封是必要的。

②十字形裂缝。对十字形裂缝这一影响层间黏结性能的因素的 4 个水平同时进行了拉拔和纯剪切试验，试验温度为 27℃。试验结果见表 4-10 和表 4-11，层间的黏结强度随裂缝宽度的变化曲线如图 4-9 所示。

裂缝宽度对拉拔强度的影响　　表 4-10

裂缝宽度(mm)	拉拔力(N)	直径(mm)		有效力平均值(N)	有效强度值(MPa)
4	464	42	50	477.0	0.2679
	518	53	43		
	449	47	47		
11	391	42	42	460.3	0.2866
	535	49	49		
	455	45	45		

续上表

裂缝宽度（mm）	拉拔力（N）	直径（mm）		有效力平均值（N）	有效强度值（MPa）
16	458	47	47	492.0	0.2687
	526	50	50		
	269	46	46		
27	391	48	48	368.0	0.2014
	399	53	53		
	314	46	46		

裂缝宽度对剪切强度的影响 表 4-11

裂缝宽度（mm）	剪切力（N）	边长（mm）		有效力平均值（N）	有效强度值（MPa）
4	1035	60	52	1081.7	0.3381
	1121	53	50		
	1089	60	55		
11	946	55	45	831.7	0.3040
	700	48	57		
	849	50	62		
16	940	49	63	912.3	0.3043
	830	60	50		
	967	53	55		
27	792	50	60	776.0	0.2471
	830	60	55		
	706	53	59		

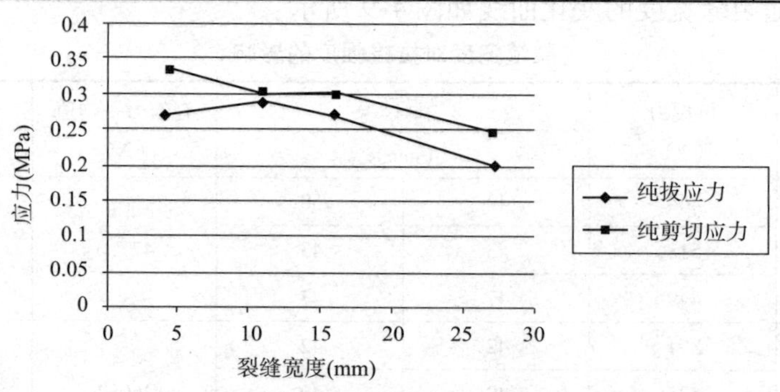

图 4-9 裂缝宽度对黏结强度的影响

由图4-9可知，随着裂缝宽度不断地增加，裂缝宽度在11mm时，层间的拉拔强度出现一次峰值，之后层间的拉拔强度随裂缝宽度的增加而减小。层间的剪切应力随裂缝宽度的增加出现波动，层间剪切应力的整体变化趋势是随裂缝宽度的增加而不断的降低，除了裂缝宽度为11mm时，层间剪应力小于拉拔应力外，层间的剪切应力要大于层间的拉拔应力。

③米字形裂缝。对米字形裂缝这一影响层间黏结性能的因素的4个水平同时进行了拉拔和纯剪切试验，试验温度为26℃。试验结果见表4-12和表4-13，层间的黏结强度随裂缝宽度的变化曲线如图4-10所示。

裂缝宽度对拉拔强度的影响 表4-12

裂缝宽度（mm）	拉拔力（N）	直径（mm）		有效力平均值（N）	有效强度值（MPa）
4	517	47	46	592.0	0.2949
	645	53	47		
	557	47	51		
11	607	47	47	548.1	0.3337
	570	53	47		
	620	53	52		
16	681	52	51	496.1	0.3486
	738	48	51		
	528	62	46		
27	617	54	42	601.4	0.3116
	530	48	54		
	554	51	51		

裂缝宽度对剪切强度的影响 表4-13

裂缝宽度（mm）	剪切力（N）	边长（mm）		有效力平均值（N）	有效强度值（MPa）
4	800	51	55	1157.0	0.4060
	1157	57	50		
	1322	52	54		
11	860	50	52	1069.3	0.4079
	1190	46	53		
	1158	52	55		

续上表

裂缝宽度(mm)	剪切力(N)	边长(mm)		有效力平均值(N)	有效强度值(MPa)
16	816	51	55	983.0	0.3352
	1058	57	53		
	1075	50	59		
27	687	40	57	848.3	0.3106
	875	60	50		
	983	50	58		

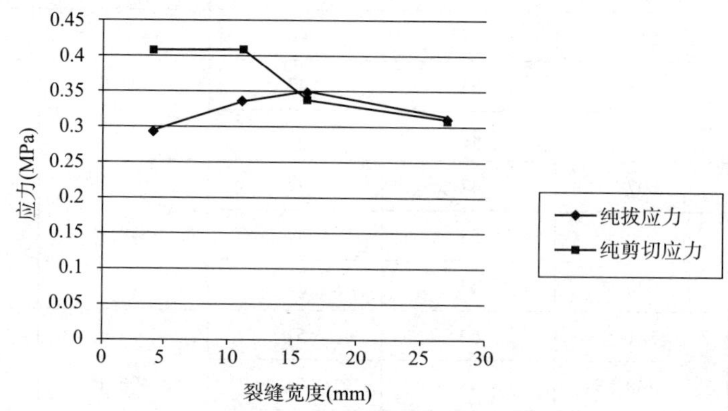

图 4-10　裂缝宽度对黏结强度的影响

由图 4-10 可知,纤维封层层间的拉拔强度随裂缝宽度的增加先增加后减小,当裂缝宽度为 16mm 时,层间的拉拔强度达到最大值。层间的剪切强度随裂缝宽度的增加而不断的减小,最小值是最大值的 75% 左右。

当裂缝宽度为 4mm 和 11mm 时,层间的剪切强度明显大于层间的拉拔强度,当裂缝宽度继续增加时,层间的剪切强度和拉拔强度相差不大。

④综合分析。裂缝类型对纤维封层层间拉拔强度和剪切强度的影响对比分析如图 4-11 和图 4-12 所示。

由图 4-11 可知,当裂缝宽度为 4mm 时,有米字形裂缝的层间拉拔应力小于有纵横裂缝的层间拉拔应力,其余各点当裂缝宽度相同时,原路面有米字形裂缝的拉拔应力大于有纵横裂缝的拉拔应力,而有纵横裂缝的拉拔应力大于有十字形裂缝的拉拔应力;在施工条件相同的情况下,十字形裂缝对纤维封层层间的拉拔强度影响最大。并且十字形裂缝和米字形裂缝的层间拉拔强度随裂缝宽度的增加几乎有相同的变化趋势。

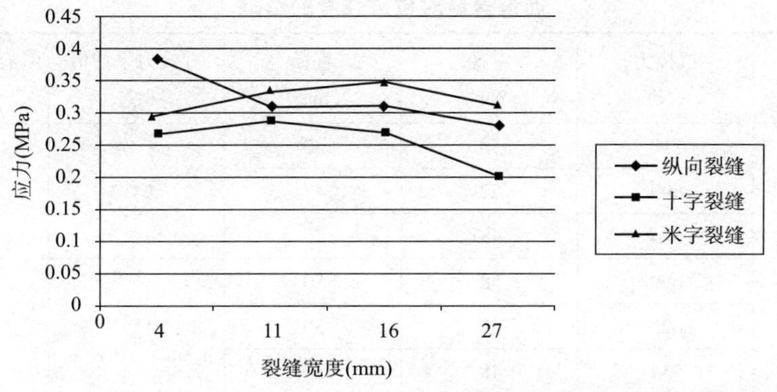

图 4-11 裂缝类型对拉拔应力的影响

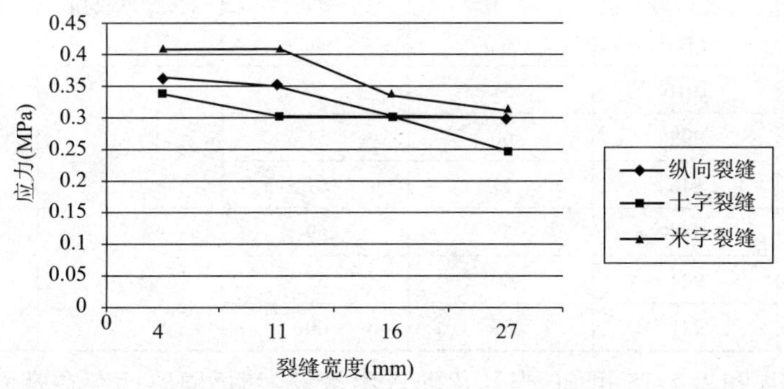

图 4-12 裂缝类型对剪应力的影响

由图 4-12 可知,当裂缝宽度相同时,裂缝类型对纤维封层层间的剪切应力的影响顺序为:十字形裂缝 > 纵横裂缝 > 米字型裂缝;这 3 种裂缝类型对层间剪切应力的影响几乎都是随着裂缝宽度的增加而增大。

综上所述,在裂缝宽度相同的条件下,十字形裂缝对纤维封层层间的黏结强度影响最大,米字型裂缝对层间的黏结强度影响最小。所以,施工前对网裂较严重的路段实施裂缝填封处理尤为重要。

4.1.4 麻面对层间黏结性能影响分析

(1)沥青含量对层间黏结性能的影响。

麻面是沥青混合料路面的病害之一,在实验室对其进行了模拟,沥青的量改变时,纤维含量为 $60g/m^2$,试件的成型是在正常的 300mm × 300mm × 40mm 的垫块表面凿去细料颗粒,然后进行纤维封层施工的模拟,碾压次数和试验方法同 4.1.3 节裂缝对纤维封层层间黏结性能的影响,试验温度为 26℃;试验的结果见表 4-14 和表 4-15。

沥青含量对拉拔强度的影响 表4-14

沥青含量（kg/m^2）	拉拔力（N）	直径（mm）	直径（mm）	有效力平均值（N）	有效强度值（MPa）
1.4	710	50	50	694.3	0.3495
	699	52	47		
	674	48	55		
2.0	699	58	50	615.3	0.3123
	623	51	50		
	554	48	54		

沥青含量对剪切强度的影响 表4-15

沥青含量（kg/m^2）	剪切力（N）	边长（mm）	边长（mm）	有效力平均值（N）	有效强度值（MPa）
1.4	1016	51	59	953.3	0.3119
	998	60	51		
	846	51	61		
2.0	1008	53	59	957.7	0.2894
	924	60	55		
	941	59	60		

由表4-14 和表4-15 可知，当乳化沥青用量较大时，原路面存在麻面的情况下，纤维封层层间的拉拔强度和纯剪切强度都较小，所以纤维封层施工时适当的调整乳化沥青含量可以提高层间的黏结强度。

（2）麻面对层间黏结强度的影响。

当乳化沥青和纤维用量相同时，对比分析正常路面和麻面路面对层间黏结性能的影响，乳化沥青用量为1.4kg/m^2，纤维含量为60g/m^2，无麻面垫块的试验结果见表4-16。

层间黏结强度试验结果 表4-16

试验类型	拉拔剪切力（N）	直径（mm）	直径（mm）	有效力平均值（N）	有效强度值（MPa）
拉拔试验	586	45	51	597.0	0.2952
	586	55	48		
	619	47	59		
剪切试验	1183	52	56	1168.7	0.3982
	964	56	50		
	1359	51	60		

由表4-14、表4-15和表4-16可知，在乳化沥青和纤维用量相同的情况下，麻面对纤维封层层间的拉拔强度影响较小，比无麻面的路面层间拉拔强度大；麻面使层间剪切强度降低。

4.2 不同类型纤维沥青混合料性能实验分析

4.2.1 高温性能试验

沥青混合料是一种黏弹性材料，在夏季高温天气，沥青路面在交通荷载的反复作用下，容易产生车辙、推移、拥包等永久性变形类破坏，这类破坏是沥青混合料的高温失稳性破坏，是高速公路最有危害的破坏形式之一。对于沥青混合料的高温稳定性或永久变形发展规律，在室内可采用单轴加载、三轴压缩、弯曲蠕变、剪切试验以及车辙试验等进行研究。通过车辙试验和60℃蠕变试验，对7种沥青混合料的高温稳定性进行评价。

依据《公路工程沥青及沥青混合料试验规程》(JTJ 052—2000)的试验方法进行车辙试验测试，试验结果见图4-13。

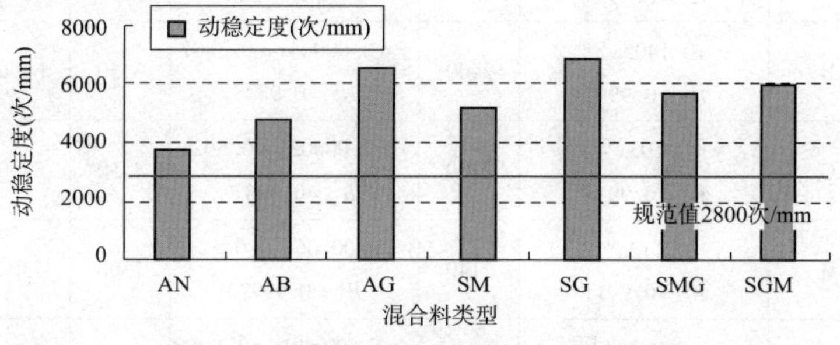

图4-13　车辙试验结果

高温蠕变试验可分为静载蠕变与动载蠕变，重复加载试验与动力试验都属于动载蠕变试验。有研究报告指出，重复荷载试验比单轴压缩蠕变更能反映沥青混合料的特性。研究采用动态蠕变试验中的重复加载试验来评价混合料的高温性能。具体试验过程参照了美国规范中的动态蠕变试验及NCHRP(National Cooperative Highway Research Program)推荐的Simple Performance Test中的重复加载永久变形试验，60℃动态蠕变试验试件及SPT试验仪如图4-14所示。蠕变试验结果见表4-17。

从车辙试验和60℃动态蠕变试验可以看出：

(1)SMA-13沥青混合料的动稳定度普遍高于AC-13C的动稳定度，累积变形也要小得多，说明SMA级配充分利用了集料的嵌挤作用，更适应高温地区沥青路面应用。

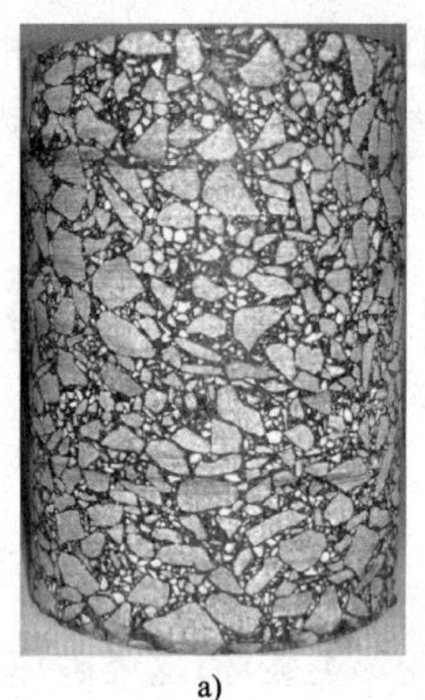
a)

b)

图 4-14　60℃动态蠕变试验试件及 SPT 试验仪

蠕变试验结果　　表 4-17

空隙率	沥青混合料类型	第一阶段		第二阶段		$F(n)$	累积变形(mm)
		模型	终止点	模型	终止点		
4.6	AN	$y=0.1699x^{0.2366}$ $R^2=0.9954$	1800	$y=0.0002x+0.69266$ $R^2=0.99969$	4090	4090	2.46
4.6	AB	$y=0.1405x^{0.2489}$ $R^2=0.9995$	2400	$y=0.00004x+0.8807$ $R^2=0.9828$	6350	6350	1.51
4.6	AG	$y=0.103x^{0.2149}$ $R^2=0.9938$	2700	$y=0.00003x+0.5021$ $R^2=0.9967$	8750	8750	0.82
4.2	SM	$y=0.112x^{0.2318}$ $R^2=0.9911$	2140	$y=0.000066x+0.5213$ $R^2=0.99972$	7300	7300	1.33
4.3	SG	$y=0.097x^{0.1762}$ $R^2=0.9921$	3155	$y=0.0000403x+0.27408$ $R^2=0.99892$	9230	9230	0.69
4.35	SMG	$y=0.1094x^{0.2175}$ $R^2=0.9962$	2670	$y=0.000057x+0.45625$ $R^2=0.99953$	8180	8180	1.09
4.25	SGM	$y=0.1008x^{0.2018}$ $R^2=0.9957$	2910	$y=0.0000434x+0.37868$ $R^2=0.99904$	8345	8345	0.86

(2)加入纤维后,所有混合料的动稳定度和流动荷载作用次数 $F(n)$ 值均有所提高,且 GBF® > 聚酯纤维,GBF® > GBF® 与木质素混合 > 木质素,说明玄武岩纤维在提高沥青混合料高温性能方面效果更显著。

(3)各种混合料的初始阶段(迁移期)发展趋势基本相同,第二阶段(稳定期)的应变累积率依次为:不加纤维 > 聚酯纤维 > GBF®,木质素 > GBF® 与木质素混合 > GBF®,且同种级配的 GBF® 混合料的 $F(n)$ 远远高于其他类型,变形速度极为缓慢。蠕变试验的这个结果进一步说明玄武岩纤维增强沥青混凝土高温性能效果显著。

(4)SMA-13GBF®沥青混合料的高温稳定性要明显优于SMA-13木质素的高温稳定性,表明沥青混合料的高温稳定性并不取决于纤维稳定剂的吸油率大小,而是受纤维净吸持沥青能力和纤维的力学性能因素综合影响。

(5)在沥青混合料中加入GBF®,对沥青的蠕变行为产生约束,从而增强了矿质骨料的相对稳定性,减小剪切变形和竖向变形的产生,提高混合料的高温稳定性,并且增强效果优于聚酯纤维和木质素。

4.2.2 低温性能试验

沥青路面使用过程中的低温缩裂是由于温度应力超过了沥青混凝土抗拉强度,这个力所做的功导致一定的能量积累,如果该能量达到沥青混凝土本身容许的极限程度时,沥青混凝土就会破坏形成裂缝。因此,要求沥青混凝土低温下具有较高的抗拉强度、较好的抗变形能力和应力松弛能力。

对各类型沥青混合料进行低温小梁弯曲试验,以断裂能和破坏应变评价沥青混合料的低温抗裂性能。测量各种混合料-10℃弯曲试验的拉伸强度和变形情况,通过应变能密度函数 $d_w/d_v = \int_0^{\varepsilon_{ij}} \sigma_{ij} d\varepsilon_{ij}$,计算沥青混合料破坏前储存能量的能力。式中,$d_w/d_v$ 表示应变能密度函数;σ_{ij},ε_{ij} 表示应力、应变分量。

d_w/d_v 的临界值是沥青混合料断裂时实际应力—应变关系曲线下的面积如图4-15所示。

根据《公路工程沥青及沥青混合料试验规程》(JTJ 052—2000)采用试验温度为-10℃,加载速率为50mm/min,在UTM下进行3分点小梁加载。试件制作方法由轮碾成型的板块状试件上用切割法制作棱柱体试件,试件尺寸符合长250mm±2mm、宽30mm±2mm、高35mm±2mm的要求,跨径为200mm。试验结果如图4-16所示。

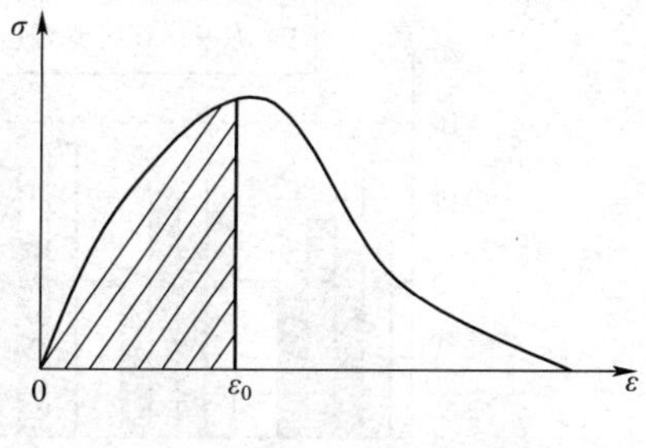

图4-15 应力—应变关系示意图

由试验可知:

(1)几种混合料的低温弯曲破坏应变均大于2800με,满足规范要求。

(2)加入纤维可以增强混合料低温抗裂性能,GBF®增强效果最为显著,表现为小梁弯拉应变和应变能密度明显增大。

(3)在SMA路面结构中掺入GBF®,可以提高储存破裂能量,增强低温抗裂性能,增强效果明显优于木质素、木质素与GBF®混合纤维。

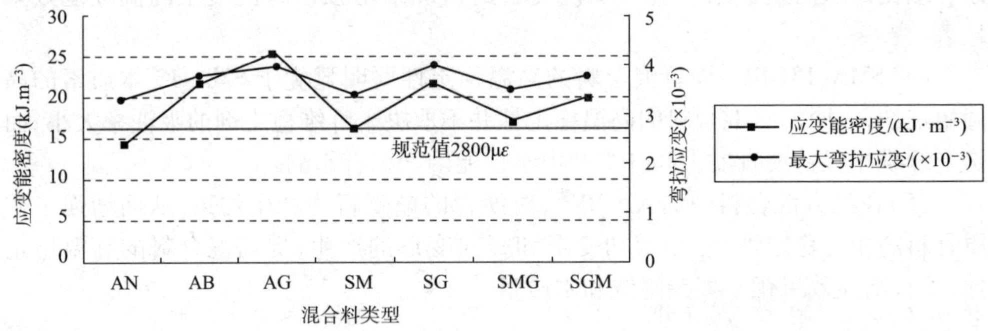

图 4-16 路用纤维增强沥青混凝土低温性能比较

4.2.3 水稳性能试验

水损害是沥青路面早期破坏的一种最常见的破坏模式。在雨季或初春冻融期间,水经沥青路面孔隙、裂缝进入沥青路面内部后,在车轮轮胎动态荷载产生的动水压力或真空抽吸冲刷的反复作用下,水分逐渐渗入沥青与矿料的界面或沥青内部,使沥青与矿料之间的黏附性降低并逐渐丧失黏结能力,从而使沥青膜逐渐从矿料表面剥离,沥青混合料掉粒、松散,因此,沥青混合料的水稳定性最终是由浸水条件下沥青混合料物理力学性能降低程度来表征的。研究采用浸水马歇尔试验和冻融劈裂强度试验评价沥青混合料的水稳定性能,如图 4-17 所示。

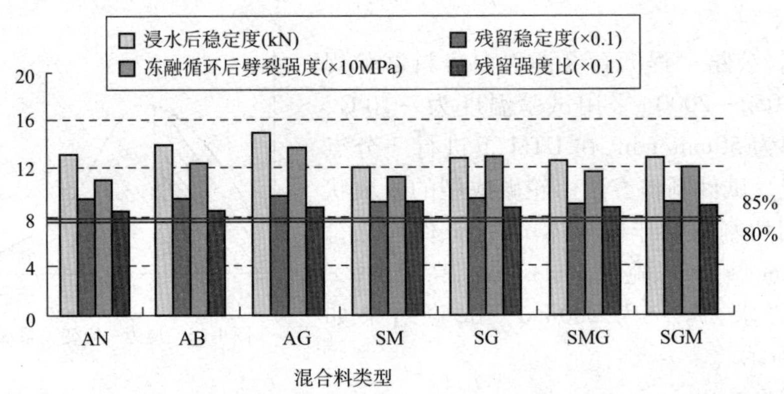

图 4-17 路用纤维增强沥青混凝土水稳性能比较

依据《公路工程沥青及沥青混合料试验规程》进行浸水马歇尔试验,首先采用最佳油石比成型标准马歇尔试件,试件分两组,每组 4 个平行试件。一组在 60℃水浴中保养 0.5h 后,测其马歇尔稳定度 S_1;另一组在 60℃水浴中恒温保养 48h 后,测其马歇尔稳定度 S_2;计算残留稳定度 $S_0 = S_2/S_1 \times 100\%$。

进行冻融劈裂试验时，与浸水马歇尔试验成型试件方法不同的是，击实次数为正反两面各50次。将试件随机分为两组，每组4个。一组试件以标准的饱水试验方法真空饱水，放入塑料袋中加入约10mL水，扎紧袋口，放入-18℃的冰箱保持16h，取出试件撤去塑料袋，立即放入已保持为60℃的恒温水槽中保持24h。然后，将两组试件全部浸入温度25℃的恒温水槽中2h后，进行劈裂试验，求得最大荷载，求得冻融循环后试件的劈裂抗拉强度 R_{T2} 和未经冻融循环试件的劈裂抗拉强度 R_{T1}，冻融劈裂抗拉强度比 $TSR = R_{T2}/R_{T1} \times 100\%$。

由试验可以看出：

(1)各类沥青混合料残留稳定度大于85%，残留强度比大于80%，耐水损害能力均满足规范要求。

(2)GBF®对密级配沥青混合料耐水损害能力的改善幅度比聚酯纤维要好，表现为残留稳定度和劈裂强度比明显增大。

(3)GBF®与木质素作为SMA混合料的纤维稳定剂，改善SMA沥青混合料的水稳定性效果相当。由于木质素容易吸水受潮，在路面使用过程中，容易因水分入浸使纤维沥青界面产生浸蚀膨胀，使矿料与沥青界面剥离，降低水稳性能，而GBF®基本不吸水，在路面服务寿命期，可以保证长久的良好的耐水损害性能。

4.2.4 力学性能试验

沥青混合料是一种典型的弹、黏、塑性综合体，这些特性是由其材料组成和材料特性所决定的。采用常温小梁弯曲试验来评价各种沥青混合料的力学性能。常温弯曲小梁用于测定热拌沥青混合料在规定温度和加载速率时弯曲破坏的力学性质。根据《公路工程沥青及沥青混合料试验规程》，试验温度为15℃，加载速率为50mm/min，在UTM下进行3分点小梁加载，如图4-18所示。试件制作方法由轮碾成型的板块状试件上用切割法制作棱柱体试件，试件尺寸符合长250mm±2mm、宽30mm±2mm、高35mm±2mm的要求，跨径为200mm。

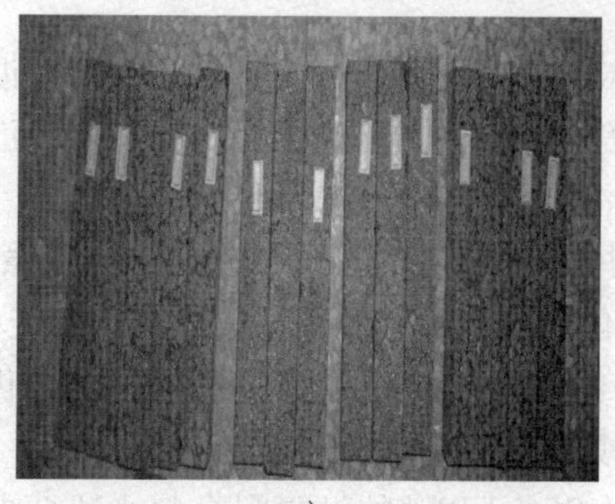
a)

b)

图4-18 常温(15℃)弯曲小梁试验

研究过程中除采用常规的抗弯拉强度、最大弯拉应变以及弯曲劲度模量分析常温弯曲试验结果以外，还用临界弯曲应变能密度评价沥青混合料破坏前储存能量的大小，黏韧性指数评价沥青混合料的黏韧性。黏韧性指数是一个描述沥青混合料达到最大破坏强度后的黏韧性特征参数，图4-19所示为常温下沥青混合料的应力—应变曲线示意图，黏韧性指数TI(toughness index)，$TI=(A_\varepsilon-A_p)/(\varepsilon-\varepsilon_p)$。式中，$A_\varepsilon$ 表示标准应力—应变曲线到 ε 包括的面积；A_p 表示标准应力—应变曲线到 ε_p 包括的面积；ε 表示关键点对应的应变；ε_p 表示应力最大值对应的应变。

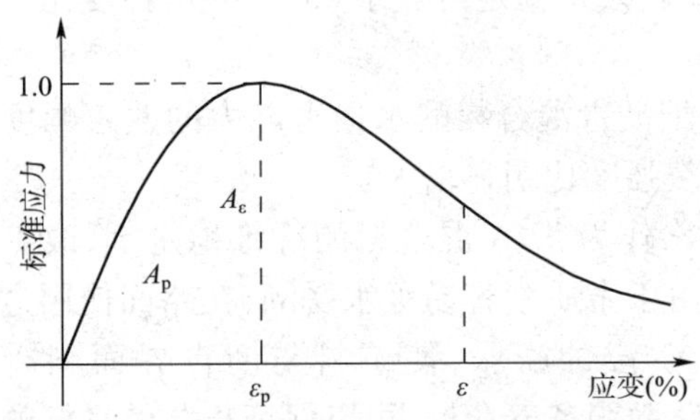

图4-19　标准的应力—应变曲线示意图

理想塑性材料达到最大应力水平时应变不断增加而应力保持不变，黏韧性指数为1，理想的脆性材料达到最大应力水平时，没有继续承受应力的能力黏韧性指数为0。黏韧性指数的大小与关键点对应的应变 ε 的取值有很大的关系，两种混合料的应力最大点对应的应变不同，采用统一的关键点应变显然是不科学的。根据采集到的试验结果数据和两种混合料的应变变化规律，取 $\varepsilon=\varepsilon_p+0.01$，虽然，根据此值算得的黏韧性指数不是一个能表征沥青混合料黏韧性的绝对量，但可用来比较各种类型混合料的黏韧性。

由图4-20可以看出：

(1)破坏劲度模量作为弯拉强度与破坏应变的比值，不能全面反映沥青混合料的力学性能。弯曲应变能密度是抗拉强度与破坏应变下包围的面积，体现沥青混合料破坏前储存能量的能力，可作为沥青混合料力学性能的评价指标。

(2)在密级配沥青混凝土和SMA级配中加入GBF®，既具有较大的抗拉强度，又具有较大的破坏拉伸应变，力学性能明显优于聚酯纤维和木质素。

(3)掺加GBF®的沥青混合料黏韧性指数较大，说明在达到最大应力后，仍能在较大的应变范围内维持较大的应力，因而具有较好的黏韧性。

另外，常温弯曲试验过程中发现，加入0.25% GBF®的沥青混合料小梁弯曲试验持续时间最长，从裂缝的产生、扩展直至试件断裂明显延长，体现出GBF®的加入，可以加强沥青混凝土，阻止裂缝的发生延缓裂缝的发展，从而提高沥青混凝土的抵抗裂缝开裂的性能。

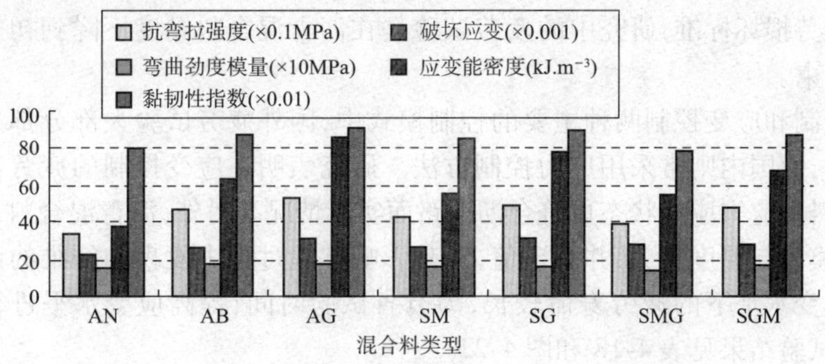

图 4-20　路用纤维增强沥青混凝土力学性能比较

4.2.5　耐疲劳性能试验

沥青路面呈龟状开裂的疲劳裂缝，这种损坏主要与行车荷载重复作用的次数有关。裂缝在一定程度上能反映出不同材料的疲劳特性，疲劳耐久性又将直接影响沥青路面的使用寿命。研究过程中采用应用较广泛的弯曲疲劳试验来研究沥青混合料的抗疲劳性能。

目前，弯曲疲劳试验有应力实际工程中所测得的应变转化成的应力的精确度差。因此，应力控制模式疲劳试验得出的弯拉应力与疲劳之间的关系还有待改进，而应变控制模式得出的结果可直接应用。因此，研究采用应变控制的弯曲疲劳试验进行沥青混合料抗疲劳性能研究，加载方式为三分点加载。

为了测定玄武岩纤维沥青混合料的疲劳特性，对于不同的混合料，根据以往研究的疲劳性能试验，均选用低、中、高 3 个应变水平在 UTM 试验系统上进行疲劳试验，每个应变水平进行 3 个平行试件。试验设备与模型示意图如图 4-21 所示。

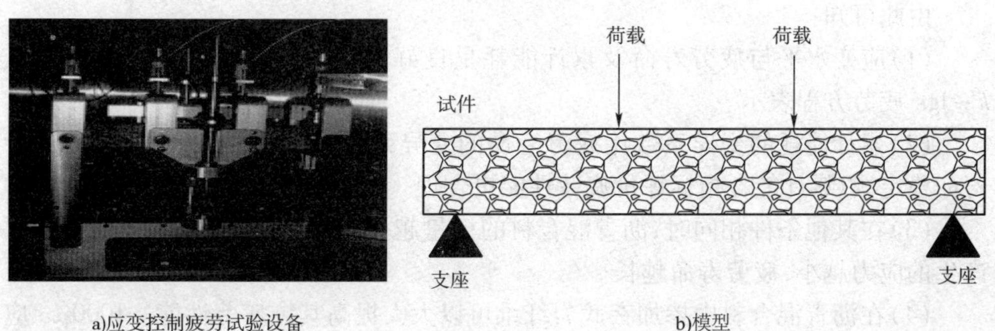

a)应变控制疲劳试验设备　　b)模型

图 4-21　应变控制疲劳试验设备及模型示意图

在常温条件下,沥青混合料表现为显著的黏弹性。控制应变的疲劳试验,试件一般不会出现明显断裂破坏,一般以沥青混合料劲度下降到初始劲度的50%或更低时为疲劳损坏标准,研究中的疲劳试验是在沥青混合料劲度下降到初始劲度的50%时结束。

在控制和应变控制两种主要的控制模式中,国外疲劳试验大部分都采用应变控制方法,而国内则常采用应力控制方法。研究表明在应变控制的疲劳试验过程中,混合料的应力应变状态更符合沥青路面实际情况。另外,沥青混合料是黏弹性材料,其模量与温度相关,并非定值,受其影响试验过程中发现加纤维的沥青混合料在同应变水平下的疲劳寿命较长,为节省试验时间,提高应变水平进行疲劳试验,疲劳试验结果见表4-18和图4-22。

疲劳试验结果 表4-18

混合料类型	弯拉模量（MPa）	应变水平（με）	平均疲劳寿命N（次）	变异系数（%）	平均累计能耗（MPa）	变异系数（%）
AN	116.24	600	92652	32	406.38	16.5
		800	39815	24	132.13	6.3
		1000	13050	13	78.20	7.1
AB	89.83	800	54945	22	251.19	9.3
		1000	22018	30	143.54	13.2
		1200	15710	23	83.71	6.4
AG	62.17	1000	33363	19	211.35	8.7
		1200	24820	27	143.55	13.3
		1400	13376	29	85.43	5.5

由此可知:

(1)应变水平与疲劳寿命及累计能耗呈良好的双对数线性关系,可用$\lg N = k - \lg\varepsilon$疲劳方程表示。

(2)累计能耗的变异系数比疲劳寿命的变异系数小,表明累计能耗值较疲劳寿命稳定,以累计能耗指标评价疲劳性能更合理。

(3)在其他条件相同时,沥青混合料的模量越小,试件在承受一定应变条件下产生的应力越小,疲劳寿命越长。

(4)在沥青混合料中掺加玄武岩纤维可以大大提高其抗疲劳性能。1000με应变水平下,聚酯纤维沥青混合料的疲劳性能为无纤维沥青混合料的1.8倍,玄武岩纤维沥青混合料疲劳性能为无纤维沥青混合料的2.7倍。

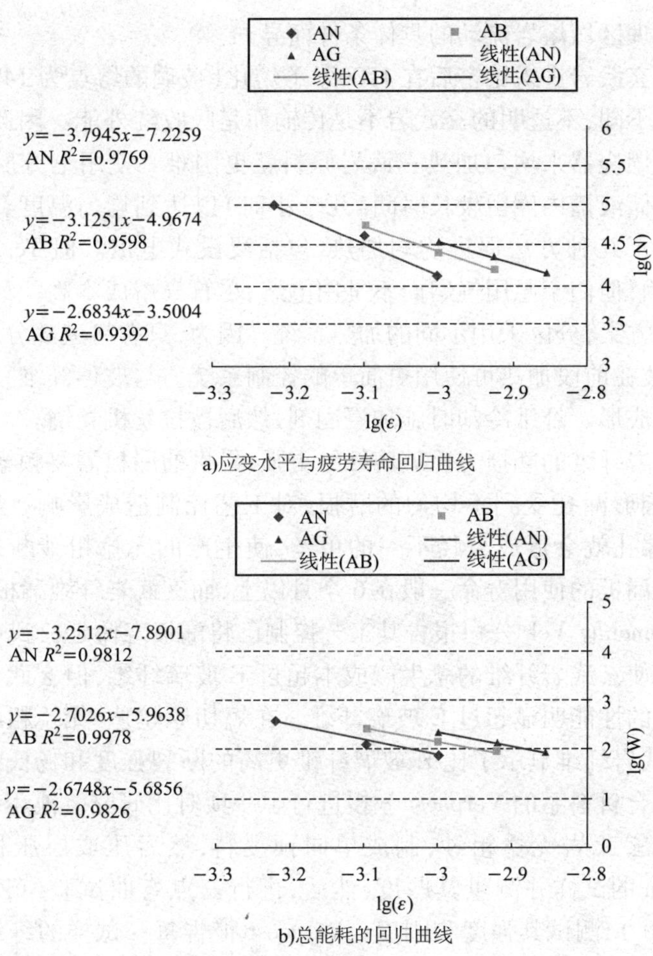

a)应变水平与疲劳寿命回归曲线

b)总能耗的回归曲线

图 4-22　应变水平与疲劳寿命、总能耗的回归曲线

4.3　玄武岩纤维应用研究

4.3.1　玄武岩纤维与玻璃纤维的比较

玄武岩纤维采用与玻璃纤维相似的连续工艺制造。首先将玄武岩石破碎，经洗清后投入熔窑。此步工序比玻璃纤维简单，因为，玄武岩纤维的组成不如玻璃纤维复杂：玻璃一般由 50% 的硅砂与硼、铝氧化物等几种其他矿物制成，这些原料必须在进入熔窑之前分别称量配料。与玻璃不一样，玄武岩纤维没有其他原料，只需单一投料。另一方面，对玄武岩原料纯度和稳定性的直接控制也少。虽然，玄武岩和玻璃都是硅酸盐，但熔融玻璃冷却后形成非晶态体，而玄武岩则具有晶体结构，

其结构随各地理区域熔岩流动的具体条件而异。

经破碎的玄武岩进入熔窑后在1500℃下熔化(玻璃的熔点为1400～1600℃),与透明的玻璃不同,不透明的玄武岩不是传输而是吸收红外能。因此,使用传统玻璃熔窑的上方燃烧器来均匀加热玄武岩原料就更困难。使用上方燃烧器,玄武岩熔体就必须在储液槽内停留较长时间(几个小时)以达到均匀温度。因此,玄武岩纤维厂商采用了几种方法促进均匀加热,包括浸没式电极。但 Technobasalt 公司称,因质量原因,他们宁愿用气熔而不是用电熔,尽管气熔成本高。最后,该公司采取了两极加热方案,分区采用不同的加热系统。因为,只有料道部分才需要高精度的温度控制,故在前段加热可使用更简单的控制系统。与玻璃纤维一样,玄武岩纤维用铂铑漏板成形。纤维冷却时施加浸润剂,然后被拉丝机卷绕。

由于玄武岩纤维的磨损力比玻璃纤维更强,昂贵的漏板需要频繁的重新加工。漏板磨损时,圆形漏孔受到不均匀的磨损,对工艺控制造成影响。如果不及时维修,非圆形的漏孔就会形成直径不一的单丝,使生产的无捻粗纱断裂强度不可预测。玻璃纤维漏板的使用寿命一般在6个月以上,而玄武岩纤维漏板只能使用3～5个月。但 Kemenny Vek 公司报告其工艺控制已将漏板寿命延长到6个月。

上述差别使玄武岩纤维的总生产成本超过E玻璃纤维,但玄武岩纤维的产品在复合材料中的性能明显超过E玻璃纤维。在短切原丝毡、无捻粗纱和单向布这些产品中,玄武岩纤维显示了比E玻璃纤维更高的断裂强度和杨氏模量。比利时 Leaven 大学复合材料系的 Verpoest 教授进行了一项对比研究。他用环氧树脂浸渍E玻璃纤维和玄武岩无捻粗纱,制成单向预浸料,然后压成层压板。从板切下135mm×15mm的试样并测量其厚度,然后,进行三点弯曲试验(ISO178)和1LSS试验(IS014130),测试其强度和刚度。Verpoest 报告每一试样的纤维体积分数均为400%,但测得玄武岩纤维试样的强度比E玻璃纤维试样高13.7%,刚度高17.5%,尽管玄武岩试样比E玻璃试样重3.6% 。

此外,玄武岩纤维天然抗紫外线和高能量的电磁辐射,在低温下能够保持性能,并具有更好的耐酸性。另外,在工人安全性和空气质量方面玄武岩纤维也很优秀。有关人士指出,由于玄武岩是火山活动的产物,其成纤过程比玻璃纤维更为环保。纤维加工过程中可能释放的"温室"气体已在数百年前岩浆喷发过程中排放。再者,玄武岩为百分之百惰性,与空气和水均无毒性反应,而且不燃烧,防爆炸。

4.3.2 玄武岩纤维的最佳掺量

按照现行规范的相关规定,对玄武岩纤维掺量分别为:0,0.1%,0.3%,0.5%的沥青混合料 AC-13C 在各自最佳油石比条件下进行车辙试验,试验结果见表4-19。

不同纤维掺量的车辙试验数据　　表4-19

纤维掺量(%)	0	0.1	0.3	0.5
动稳定度(次/mm)	2333.1	2520.0	3000.0	2850.2

沥青混凝土混合料的结构类型属于密实悬浮型结构,一般来说,这种混合料的空隙率为3%～5%。混合料中各个粒级的集料都有,其中粗集料相对较少,不能形成支撑的骨架,因而热稳定性较差,我们以混合料的高温稳定性能指标作为判定玄武岩纤维最佳掺量的标准,即以车辙试验的结果判定玄武岩纤维的最佳掺量[10]。

根据车辙试验数据可以绘制沥青混合料的动稳定度与纤维掺量的关系曲线,见图4-23。

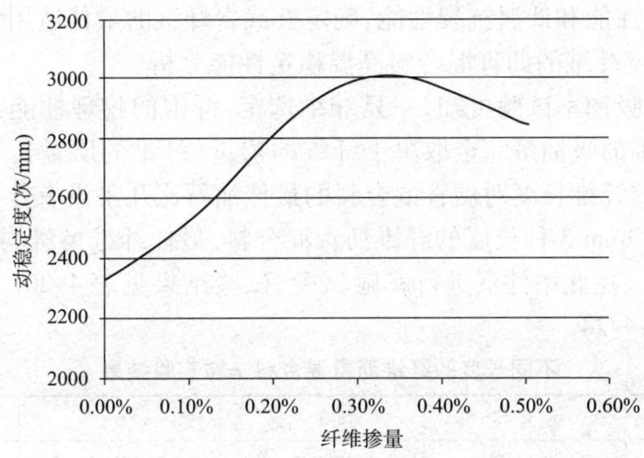

图4-23　沥青混合料的动稳定度与纤维产量的关系曲线

由表4-19和图4-23所示的试验结果分析可知:

(1)随着纤维掺量的增加,混合料的动稳定度先增加后减少,在玄武岩纤维掺量为0.3%时混合料的动稳定度出现了峰值;掺加纤维的沥青混合料的动稳定度均有所提高,这主要是因为玄武岩纤维的加入有效地阻止了集料间的相对滑移,增强了沥青混合料的整体性;动稳定度峰值的出现表明纤维的掺量有一最佳值,即纤维对混合料高温稳定性的影响有一最佳值,只有在此限位的最佳掺量条件下,纤维对沥青的稳定作用和对沥青混合料的加筋作用才能达到最佳。不能盲目地增加纤维的掺量,如果纤维掺量过高,不仅不能起到加筋和稳定作用还会浪费资源,无谓的增加施工成本。混合料的加入纤维后,沥青混合料的动稳定度明显得到了改善。因为混合料的高温变形,主要是由于集料间的相对滑移引起的,而纤维对沥青的稳定作用使得纤维与细集料形成了有效的网络结构,对这种滑移起到了有效的阻碍和约束作用,从而增强了矿质骨架的相对稳定,减小了剪切变形和竖向变形的产生,即减小了高温形变,从而提高了沥青混合料的动稳定度。

(2)掺了0.3%的短切玄武岩纤维后的沥青混合料动稳定度最高,比不掺纤维的混合料提高了约28.6%,纤维掺量为0.5%时,沥青混合料的动稳定度提高幅度已经不明显,而且有降低的趋势,主要是因为纤维掺量太高时,纤维和沥青混合料将难以拌匀,且纤维沥青混合料的成本也会增加,所以,确定短切玄武岩纤维在沥青混合料中的最佳掺量为0.3%。

4.3.3 玄武岩纤维的最佳适用长度研究

为了确定玄武岩纤维的最佳适用长度,主要进行以下试验:评价混合料高温稳定性能的车辙试验;评价沥青混合料的低温性能的低温弯曲试验。在最佳纤维掺量和最佳油石比条件下,通过比较3mm,6mm,9mm 3种长度的玄武岩纤维沥青混合料的高温稳定性能和低温抗裂性能,确定玄武岩纤维的最佳适用长度。

(1)不同长度纤维的沥青混合料高温稳定性能分析。

根据纤维的吸油率试验可知,一旦纤维选定,纤维的物理性能常数也就固定,在此条件下,纤维的吸油量完全取决于纤维的掺量(纤维的质量)。在相同纤维掺量条件下,不同的纤维长度对沥青混合料的最佳油石比几乎没有什么影响。因此,对于3mm,6mm,9mm 3种长度的纤维沥青混合料,最佳纤维掺量均为0.3%,最佳油石比均为5%。在此条件下进行车辙试验,试验结果见表4-20。纤维长度与动稳定度关系见图4-24。

不同长度的纤维沥青混合料车辙实验结果　　表4-20

纤维长度(mm)	0	3	6	9
动稳定度(次/mm)	2333.0	3000.0	3128.2	2930.4

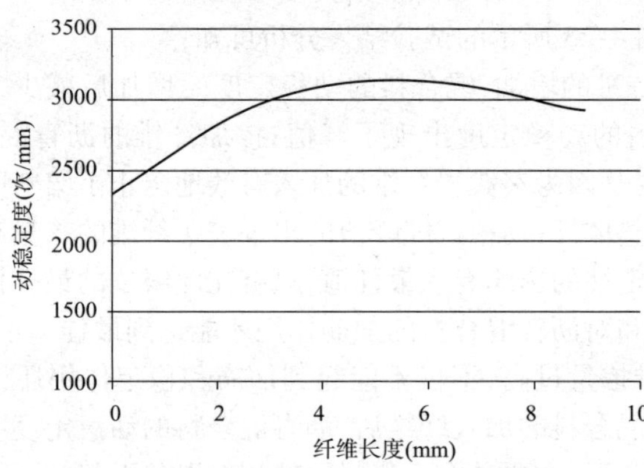

图4-24　不同长度的纤维沥青混合料车辙试验结果

由表4-19可知,纤维的加入对沥青混合料的动稳定度的改善效果非常明显,动稳定度均比素沥青混凝土的要高,最多可以提高34.1%;6mm长的纤维沥青混合料的动稳定度最高，而9mm的纤维沥青混合料的动稳定度低于6mm的纤维，主要是因为随着纤维长度的增加，纤维的分散性降低。因此，选择合适的纤维长度对于充分发挥纤维的作用具有重要的意义。由图4-24所示可以看出：随着玄武岩纤维长度的增大，纤维沥青混合料的动稳定度先变大，当纤维达到一定长度后，由于纤维太长，影响了纤维在沥青混合料中的分散性能，混合料的动稳定度不再增大，反而减少。

(2)不同长度纤维的沥青混合料低温抗裂性能分析。

由于沥青的温度敏感性，随着温度的下降，沥青混合料的强度增大，允许变形的能力降低，并会出现脆性破坏，沥青路面的裂缝往往出现在低温季节。由于裂缝的产生对路面的危害很大，受到道路工作者的普遍关注；路面裂缝的危害在于从裂缝中不断进入水分使基层甚至路基软化，导致路面承载力下降，产生唧浆、台阶、网裂，加速路面的破坏。对于沥青混合料低温开裂性能评价的方法很多，主要有：低温弯曲试验、低温弯曲蠕变试验、沥青混合料脆化点试验、J积分试验、应力松弛试验等。这里采用西安力创生产的万能材料试验机进行小梁的低温弯曲试验评价纤维混合料低温性能。

试验采用轮碾法制作成型尺寸为300mm×300mm×50mm的车辙板，车辙板的密实度控制在马歇尔标准击实密度的100±1%。将车辙板切割成尺寸为250mm×30mm×35mm的小梁试件，每种纤维长度制备8个试件。将准备好的小梁试件放置-10℃环境中养护至少5h，在万能试验机上以50mm/min的加载速度进行小梁3点弯曲试验。

沥青混合料试件破坏时的抗弯拉应变越大，说明混合料的低温抗裂性能越好，同时也反映了沥青材料本身的低温性能。我国现行规范就是以沥青混合料的破坏应变作为低温性能控制指标。不同纤维长度的纤维沥青混合料-10℃条件下3点弯曲试验结果见表4-21。

纤维沥青混合料低温弯曲实验结果 表4-21

纤维长度(mm)	纤维掺量(%)	弯曲破坏应变(10^{-6})	弯曲破坏强度(MPa)
不掺纤维	0	2174.4	9.008
3	0.3	2175.5	9.527
6	0.3	2128.7	10.177
9	0.3	2153.8	9.491

由表4-20及图4-25所示可知：玄武岩纤维的掺入可以改善沥青混合料的低温抗弯拉强度，其中掺入3mm长的玄武岩纤维后，沥青混合料的抗弯拉强度提高5.8%；掺入6mm长的玄武岩纤维后，沥青混合料的抗弯拉强度提高幅度可达13.0%；掺入9mm长的玄武岩纤维后，沥青混合料的抗弯拉强度提高幅度可达

5.4%。而纤维掺量为0.3%的6mm长的玄武岩纤维弯拉强度提高的幅度最大;纤维沥青混合料抗弯拉强度随玄武岩纤维长度的增加先增大后减小,说明适当增加玄武岩纤维长度有利于发挥纤维的高抗拉强度的特点,能使纤维的作用力增强;但纤维长度不能过分增加,如果纤维长度增加幅度太大,则纤维的分散性将成为主要矛盾。此时,纤维沥青混合料的抗弯拉强度不但不会增加,还会因为纤维的分散不均而使其降低,而且还会影响纤维沥青混合料的其他方面的性能。

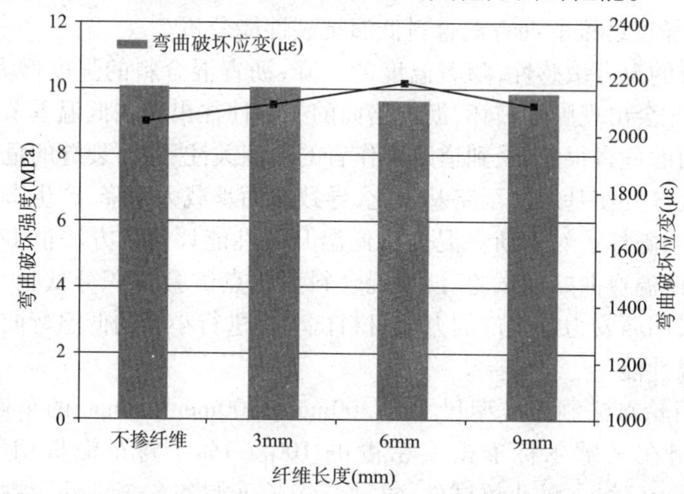

图4-25 纤维长度与低温弯曲指标关系曲线

通过不同长度玄武岩纤维的沥青混合料高温稳定性能和低温抗裂性能比较可知,当玄武岩纤维沥青混合料在最佳纤维掺量和最佳油石比条件下,6mm长的玄武岩纤维沥青混合料,无论是高温稳定性能,还是低温抗裂性能均处于最优状态,故确定玄武岩纤维的最佳使用长度为6mm。

4.4 配合比设计指标选取及试验方案设计

纤维沥青碎石封层用作半刚性基层沥青路面应力吸收层,具有优良的路用性能,主要体现在该结构具备良好的抗裂性,可以有效地降低基层反射裂缝的发展,改善路面防水能力,阻止水分渗入基层引起病害。同时,由于采用的是乳化沥青,能够渗入基层较深厚度,能够很好地改善基面层间结合状态,提升道路性能。

4.4.1 设计指标的选取

纤维沥青碎石封层的配合比设计指标的选取,应该以提高纤维沥青碎石封层的路用性能为目标,确使设计的配合比能够同时满足抗裂、防水及层间结合等综合性能要求。

(1)层间结合性能指标。

纤维沥青碎石封层应力吸收层是位于半刚性基层与沥青面层之间的结构，它能够阻止基层反射裂缝，并且防止水分下渗，但是路面是一个有机整体，通过计算分析可知，良好的层间黏结能够降低路面结构内部应力应变水平，延长路面使用寿命。对于应力吸收层，改善基面层间结合状态是评价其性能的一个最重要的指标，因此，在纤维沥青碎石封层配合比设计时，层间结合性能指标是必不可少的。

通过对纤维沥青碎石封层的结构组成分析可知，纤维沥青碎石封层作为应力吸收层，其层间结合性能包括碎石与沥青的黏结性能、纤维沥青碎石封层与基层的黏结性能以及与面层的黏结性能。针对纤维沥青碎石封层应力吸收层的层间结合性能含义，本研究采用清扫试验测试碎石脱落率，利用剪切试验测定评价层间抗剪切性能。

(2)抗裂性能指标。

半刚性基层沥青路面的常见病害之一就是反射裂缝，设置应力吸收层的一个主要目的就是阻止反射裂缝的发生，从而减少路面早期病害。因此，抗裂性能也是纤维沥青碎石封层应力吸收层配合比设计的一个重要控制指标。

由于纤维沥青碎石封层属于一种短纤维增强复合材料，短玻璃纤维是复合材料的增强相，沥青是基体相，通过纤维沥青板带的抗拉强度能够从一定程度上反映封层的抗裂性能，故在实验室内采用纤维沥青板带的拉伸强度作为纤维沥青碎石封层抗裂性能设计控制指标。

(3)防水性能指标。

对于沥青路面结构组成而言，不但要求层间处置材料必须具有良好的黏结性能，使得整个路面结构在行车荷载的作用下保持良好的协同受力性，不至于因为车辆的水平剪切作用而造成层间滑移和路面拥包，而且还要求层间处置材料必须具备优良的不透水性，以保证外界水分无法渗透到路面结构内部。所以，纤维沥青碎石封层应力吸收层必须保持良好的完整性，而且在承受沥青混合料高温刺破和压路机碾压作用之后，要求依然能够保持良好的不透水性。

应力吸收层是处于半刚性基层与沥青面层之间的结构，当水分由一些细小通道透过面层达到应力吸收层，在行车荷载作用下，会在通道内产生很大的压力，对应力吸收层进行反复冲刷，最终冲破应力吸收层导致破坏。为了正确评价应力吸收层的抗水性，研究采用自行开发的渗水仪，通过对应力吸收层进行加压渗水试验，测试封层结构的抗渗水性。

4.4.2 试验方案设计

纤维沥青碎石封层是通过纤维沥青碎石封层核心设备—纤维沥青碎石同步封

层机同时洒(撒)布1层乳化沥青+1层短纤维+1层乳化沥青,然后,再撒布碎石,进行碾压,待乳化沥青破乳形成强度后即形成封层,是一种新型的封层技术。2006年引入中国,随后在几个地区开始探索使用,其配合比的确定都是根据国外的经验,缺少统一的设计方法和评价指标。为此,在研究通过纤维沥青碎石封层用于应力吸收层的路用性能要求的,提出纤维沥青碎石封层配合比设计的试验方法。

(1)清扫试验。

实验借鉴稀浆封层湿轮磨耗试验,在牛毛毡上成型试件,将试件在60℃ ±3℃烘箱中烘至恒重,至少6h,冷却至室温,称重 M_1,然后采用自制刷头进行清扫5min,将清扫后的时间进行称重 M_2,通过碎石脱落率来初步评价碎石与沥青黏附性,从而为选用碎石种类和最佳碎石撒布量提供依据。

脱石率按下式计算:

$$\eta = \frac{M_1 - M_2}{M_1} \times 100\%$$

(2)剪切试验。

试验用于评价应力吸收层的抗剪性能,先成型水稳碎石基层,压实采用静载压实,经过27天养生,在基层表面洒布纤维沥青碎石层。待乳化沥青完全破乳后,在纤维沥青碎石封层上成型沥青混合料试件,为避免将下层水稳碎石击碎,采用重型击实单面40次,如图4-26a)所示,压实后放置7天,采用多功能道路材料剪切仪进行剪切试验,如图4-26b)所示,剪切速率为10mm/min,温度为25℃。

a)试件成型

b)试件剪切

图4-26　剪切试验

(3)板带拉伸试验。

参考复合材料抗拉试验,设计纤维沥青封板带拉伸试验,旨在通过抗拉强度评价不同纤维和沥青用量的纤维沥青封层抗裂性能。

首先,实验在涂有隔离剂的玻璃板上洒(撒)布1层乳化沥青+1层短玻璃纤维+1层乳化沥青+1层碎石,各种材料的用量根据试验需要来确定,待乳化沥青完全破乳后，将试件从玻璃板上脱模，然后将脱模下来的纤维沥青板剪成合适尺寸，如图 4-27a）所示。在万能试验机上进行拉伸，如图 4-27b）所示，试验温度为 25℃，拉伸速率为 10mm/min。

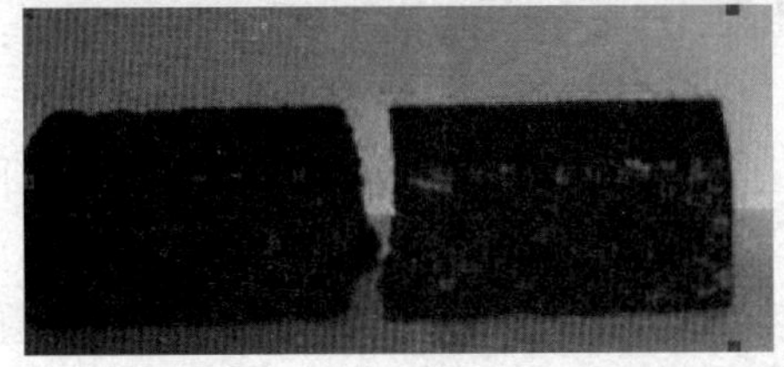

a) 试件成型与破坏

b)拉伸试验仪

图 4-27　拉伸试验

（4）渗水试验。

通过分析应力吸收层在路面结构中的位置以及水损害的特点，研究认为，传统的渗水试验已不能切合实际地衡量封层的抗渗性能。因此，我们研究设计了一种新型的室内渗水试验，并开发了新型的试验设备，以对应力吸收层的抗渗水性能作更加合理地评价。

应力吸收层是处于面层与基层之间的层状结构，它所承受的水损害是经过面层中的微通道进入并积累的水在车轮作用下，产生一定的压力所致，如图 4-28 所示。因此，应力吸收层所承受的水损害是超压水反复作用的结果。

根据这一特点，设计了一种新型的渗水试验，并开发了实验设备，试验基本流程如下：

①制作试件。首先成型厚度为 4cm 的水泥混凝土板，尺寸为 30cm × 30cm × 4cm，在水泥混凝土板表面铺筑纤维沥青碎石封层，待乳化沥青破乳后，在其上成型沥青混合料面板，面板厚度为 3cm，然后采用钻芯机，钻取直径为 15.21cm 的芯样。

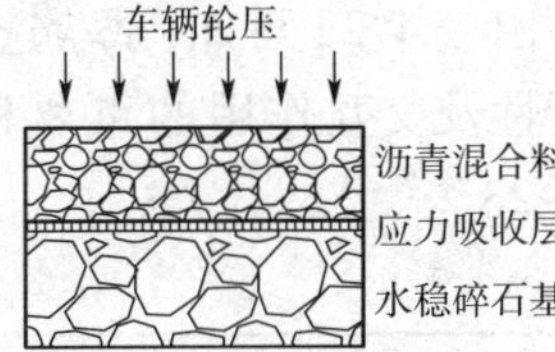

图 4-28　应力吸收层受压力水作用示意图

②将芯样放置在水中，饱水 24h，然后将芯样放置在密封试模中密封。

③试验测试。将密封试模装配在图 4-29 所示渗水仪上，启动加压装置，进行压力水测试，通过最大水压力来评价抗渗水性能。

图 4-29　渗水仪

4.4.3　设计指标与材料相关性分析

(1)影响因素与正交试验水平的选择。

纤维沥青碎石应力吸收层的性能主要由其原材料特性及组成设计所决定,因此,影响纤维沥青碎石封层的技术性能的主要因素包括乳化沥青、纤维、碎石,它们的种类及用量对纤维沥青碎石封层的技术性能及应用效果有重要影响。研究根据实际需要,选取了性能影响因素及试验水平,见表 4-22。

影响因素与试验水平　　表 4-22

影响因素	试验水平		
	1	2	3
乳化沥青用量(kg/m^2)	1.4	1.8	2.2
碎石规格(mm)	3~6	6~10	10~15
碎石用量	60%	70%	80%
纤维用量(g/m^2)	80	100	120

注:由于各地同类岩石物理性质的差异,采用覆盖率衡量碎石用量,每批碎石在使用前都要对其作覆盖率试验,以获得准确用量。

由表 4-22 可知,试验选择了 4 个影响因素,各因素水平均为 3 个,考虑试验的可行性及交互作用的重要程度,按照 lg 正交表进行试验设计,正交试验方案见表 4-23。

正交试验设计表　　表 4-23

试验号因素	A	B	C	D
	乳化沥青用量	碎石规格	碎石用量	纤维用量
1	1	1	1	1
2	1	2	2	2
3	1	3	3	3
4	2	1	2	3

续上表

试验号因素	A	B	C	D
	乳化沥青用量	碎石规格	碎石用量	纤维用量
5	2	2	3	1
6	2	3	1	2
7	3	1	3	2
8	3	2	1	3
9	3	3	2	1

(2)剪切强度与材料类型及用量关系。

按照表4-22的设计进行正交剪切试验,每组试验进行3次,分别测试剪切力大小,并计算平均值,每组试验的测试值与平均值相差不能过大(不大于20%),否则结果作废,进行补充试验,试验结果见表4-24。

剪切试验结果 表4-24

试验编号	剪切力(kN)			平均力值	换算剪切强度(MPa)
	1	2	3		
1	5.01	5.19	5.70	5.29	0.30
2	5.58	4.91	4.54	5.01	0.28
3	4.03	3.60	4.01	3.88	0.22
4	5.66	5.34	5.07	5.35	0.30
5	5.43	5.64	5.95	5.67	0.32
6	5.98	6.05	4.94	5.65	0.32
7	4.26	4.89	3.83	4.33	0.24
8	6.32	7.07	7.13	6.84	0.39
9	6.29	7.57	7.90	7.25	0.41

对表4-23中的试验数据进行分析处理,结果如图4-30所示。

通过对图4-30的分析,归纳如下:

①在乳化沥青用量、碎石规格、碎石用量以及纤维用量这4个因素中,对层间剪切强度影响最大的是乳化沥青用量,在图4-30b)中,剪切强度随乳化沥青用量的增大而增大,这是由于随着沥青用量的增大,渗透进入基层内的沥青量相对较多,而且被裹覆的碎石面积也增多,结构沥青量增大,当铺筑面层时,封层中会有更多的沥青会与面层高温沥青熔合,层间结合更紧密。

②碎石的用量,由图4-30d)可知,当碎石覆盖率处于60%~70%水平时,剪切强度处在一个较高的水平,但当碎石覆盖率增大到80%水平时,剪切强度会有很大的下降。通过对施工工艺的分析,可以知道,当覆盖率为60%~70%时,封层表面会留有相对比较多的未撒布碎石的面积,其上都覆盖了一层沥青,当铺筑面层热沥青混合料时,在高温下,混合料中的颗粒能够填补这些空余面积,并与封层沥青

熔结，抗剪性能能够得到加强，但当封层碎石覆盖率达到80%时，被面层混合料颗粒填充的空间就减少，抗剪强度也就下降。

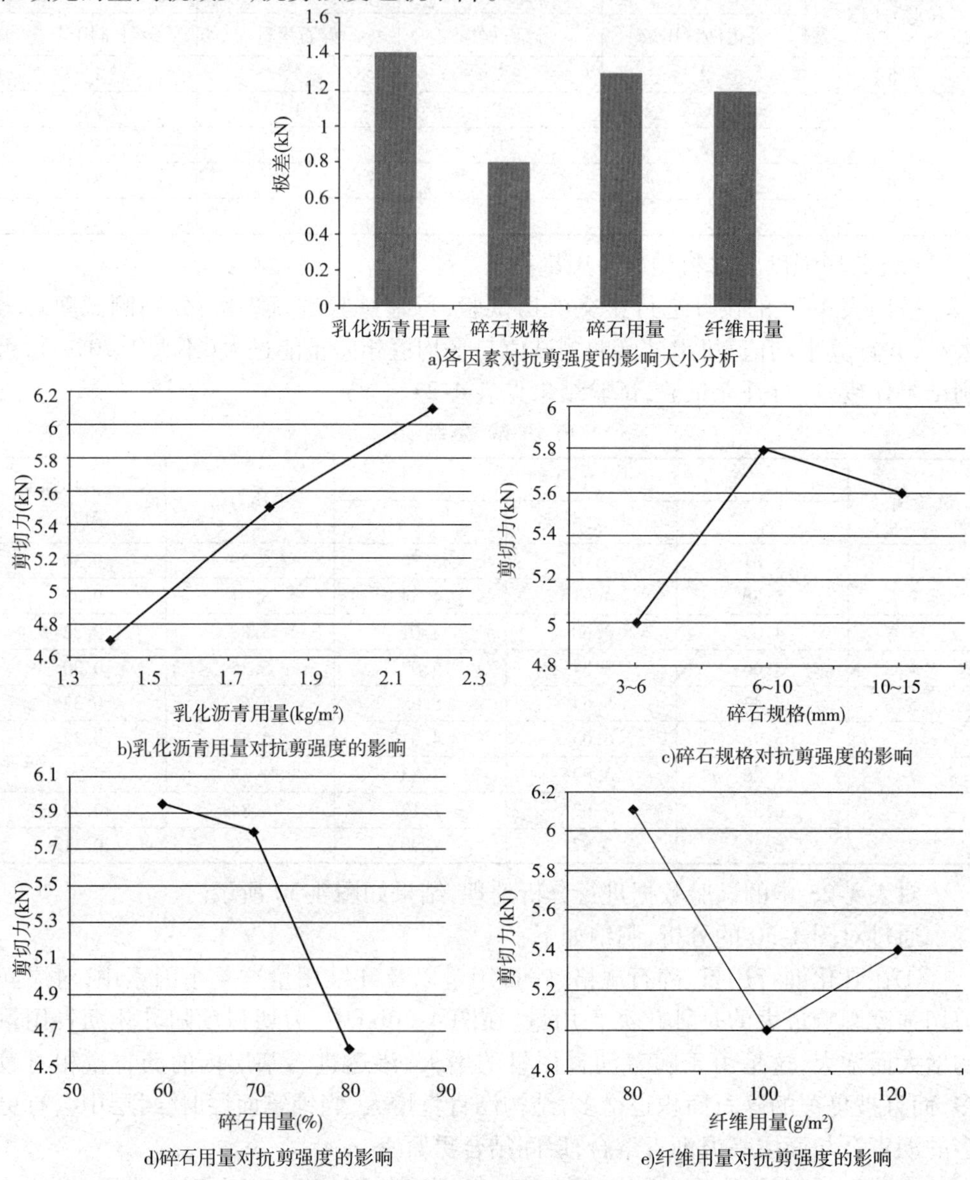

图4-30 正交试验剪切强度指标分析图

③从图4-30e)可知，纤维用量对剪切强度的影响水平次于乳化沥青和碎石用量，其对剪切强度的影响规律一般为：

a. 当纤维用量较少，为$80g/m^2$时，剪切强度相对较大。

b. 当纤维用量增大到$100g/m^2$时，剪切强度反而减小。

c. 当用量增大至120g/m^{2}时，剪切强度又会有所增强。这是因为基面层间抗剪强度由沥青渗入基层的深度和应力吸收层自身黏结性能共同决定。

d. 当纤维用量为80g/m^{2}时，被玻璃纤维吸附的沥青量就减少，渗入基层的沥青量增多，层间结合相对较好。

e. 当纤维用量为100g/m^{2}时，短纤维随乳化沥青一起撒布，过多的乳化沥青被短纤维吸附而未下渗至基层内，但纤维量又很有限，不能使被它吸引过来的沥青都形成性能良好的结构沥青，这样就出现了很多对层间抗剪强度没有贡献而一定程度上有消极作用的自由沥青，从而导致层间剪切强度减弱。

f. 而当纤维用量为120g/m^{2}时，深入基层内的沥青虽然有所减少，但玻璃纤维能吸附足够的沥青，减少了自由沥青的量，并且形成了一定厚度的网状结构，在机械压实作用下，碎石以及面层混合料颗粒被压入纤维网，有利于层间抗剪。

④碎石规格对层间剪切强度的影响最小，从图4-30c）中可以看出3～6mm，6～10mm，10～15mm 3种粒径的碎石，使用6～10mm粒径的碎石层间剪切强度最大，这是由于使用3～6mm的碎石时，虽然沥青与碎石的接触面积最大，结构沥青最多，但由于碎石粒径过小，其与面层底部、基层表面的混合料嵌挤效果不如6～10mm的碎石，在水平应力作用下，容易发生层间滑动；当采用10～15mm的碎石时，虽然与面层底部混合料的嵌挤作用增强，但由于结构沥青含量少，它与基层的黏接不牢固，在水平应力作用下，容易与基层脱离，因此也不及采用6～10mm碎石的效果好。

通过以上分析，我们可以初步了解沥青用量、碎石规格、碎石用量以及纤维撒布量对层间抗剪强度的影响规律，但应力吸收层的设计不仅要得到良好的抗剪切强度，而且还要求封层能够具有良好抗渗水性能和抗裂强度，应综合这两方面的考虑，得到最佳组合性能的结构。

（3）抗渗水性与材料类型及用量的关系。

按照表4-22中的设计进行正交抗渗试验，每组试验进行3次，分别测试最大加压值，并计算平均值，每组试验的测试值不得与平均值相差过大（不大于20%），否则结果作废，进行补充试验，试验结果见表4-25。

抗渗试验结果 表4-25

试验编号	压力值（MPa）			平均压力值（MPa）
	1	2	3	
1	0.6	0.6	0.5	0.6
2	0.6	0.7	0.8	0.7
3	0.8	0.6	0.8	0.8
4	0.7	0.6	0.7	0.7
5	0.7	0.8	0.7	0.7
6	1.0	0.8	1.0	0.9

续上表

试验编号	压力值（MPa）			平均压力值（MPa）
	1	2	3	
7	1.1	1.0	1.0	1.0
8	0.9	1.0	0.9	0.9
9	1.1	1.2	1.3	1.2

对表4-24中的试验数据进行分析处理，结果如图4-31所示。

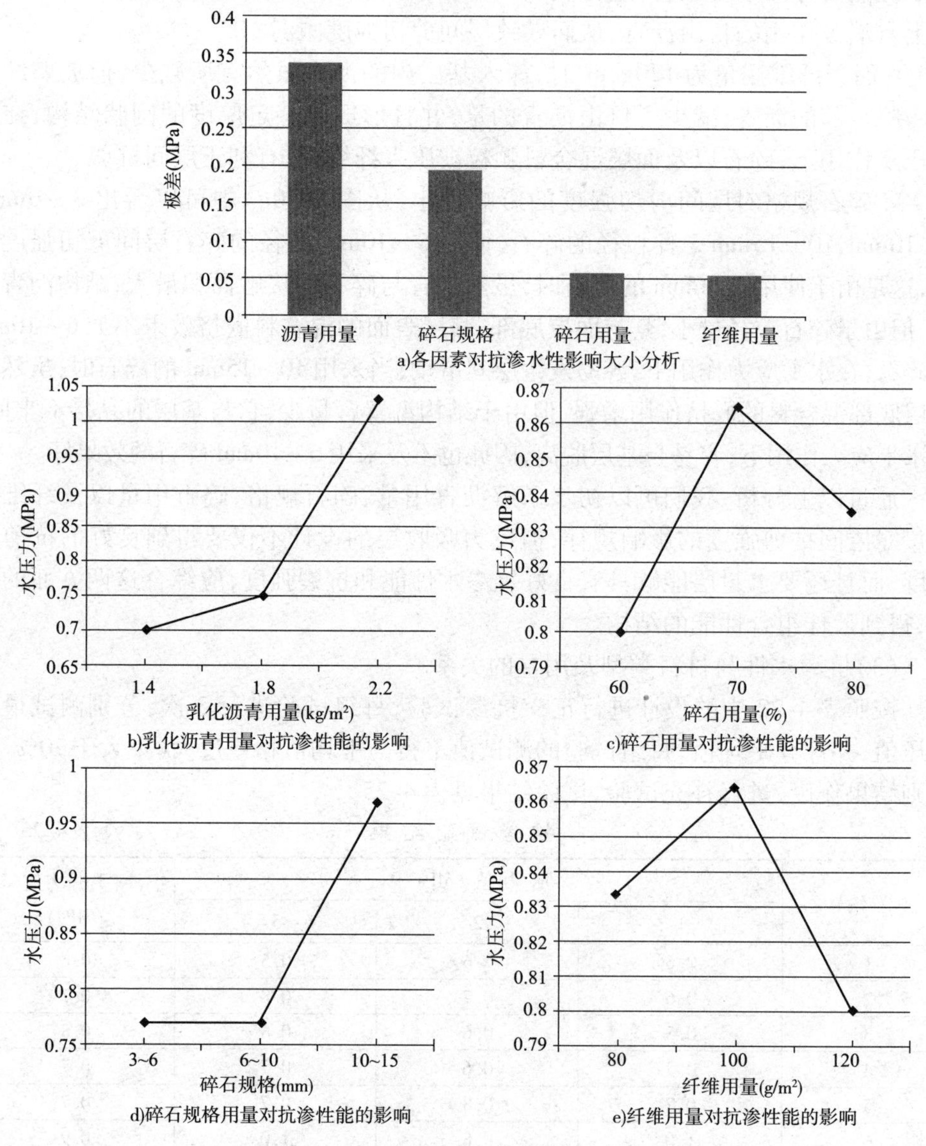

图4-31 正交试验抗渗性能指标分析图

分析图 4-31 可知：

①乳化沥青用量对抗渗水性能影响最大，其次是碎石规格、碎石用量和纤维用量对抗渗水性能的影响都相对较小。

②由图 4-31b）可知，随着沥青用量的增多，纤维沥青碎石封层的抗渗水性能增强，这是由于沥青用量增大，沥青膜的厚度增厚，封层抵抗压力水的性能也就随之增强。

③由图 4-31c）可以看出，随着碎石粒径的增大，封层能承受的水压力增大，这是由于在碎石与沥青黏结时，碎石表面不会被沥青完全裹覆，有一些地方的裹覆比较薄弱。当使用较大粒径的碎石时，沥青与碎石结合的面积相对较小，裹覆薄弱地方相对较少，能够承受的水压力也就增大。

④由图 4-31d）可知，碎石覆盖率为 70% 时，抗渗性最佳，当碎石用量增加或减少时，抗渗性都会减弱，这是因为当碎石覆盖率小时，暴露在外的沥青层面积相对较多，而在铺筑面层混合料时，沥青层被高温熔化，再与混合料中的集料黏结，这个过程就会产生很多薄弱沥青层，从而导致抗渗水性能降低。而当碎石覆盖率增大时，会有更多的沥青与碎石黏结，纯沥青层的厚度会相对减薄，所能承受的水压力随之减小。

⑤图 4-31e）中，抗渗水性在纤维用量为 $100g/m^2$ 时较高，在纤维用量为 $80g/m^2$ 和 $120g/m^2$ 时都会下降。这是因为玻璃纤维吸附乳化沥青，从而会产生更多的结构沥青膜，有利抗渗；但同时又由于玻璃纤维的吸附作用，会使未撒布到纤维处的乳化沥青被吸附过去，导致这些地方的沥青膜变薄，不利抗渗。这两个方面的综合作用才导致出现图示现象。

（4）抗裂强度与材料类型及用量的关系。

按照表 4-22 中的设计进行正交板带拉伸试验，每组试验进行 3 次，分别测试最大拉伸力，并计算平均值，每组试验的测试值不得与平均值相差过大（不大于 20%），否则结果作废，进行补充试验，试验结果见表 4-26。

板带拉伸试验结果　　表 4-26

试验编号	拉力值（N）			平均拉力值	换算抗裂强度（MPa）
	1	2	3		
1	302	299	285	295	1.84
2	340	338	350	343	2.14
3	490	502	496	497	3.10
4	579	562	583	575	3.59
5	386	374	375	378	2.36
6	556	549	519	541	3.38
7	240	212	215	222	1.39
8	401	442	376	406	2.54
9	182	179	213	191	1.19

对表 4-25 中的试验数据进行分析处理,结果如图 4-32 所示。

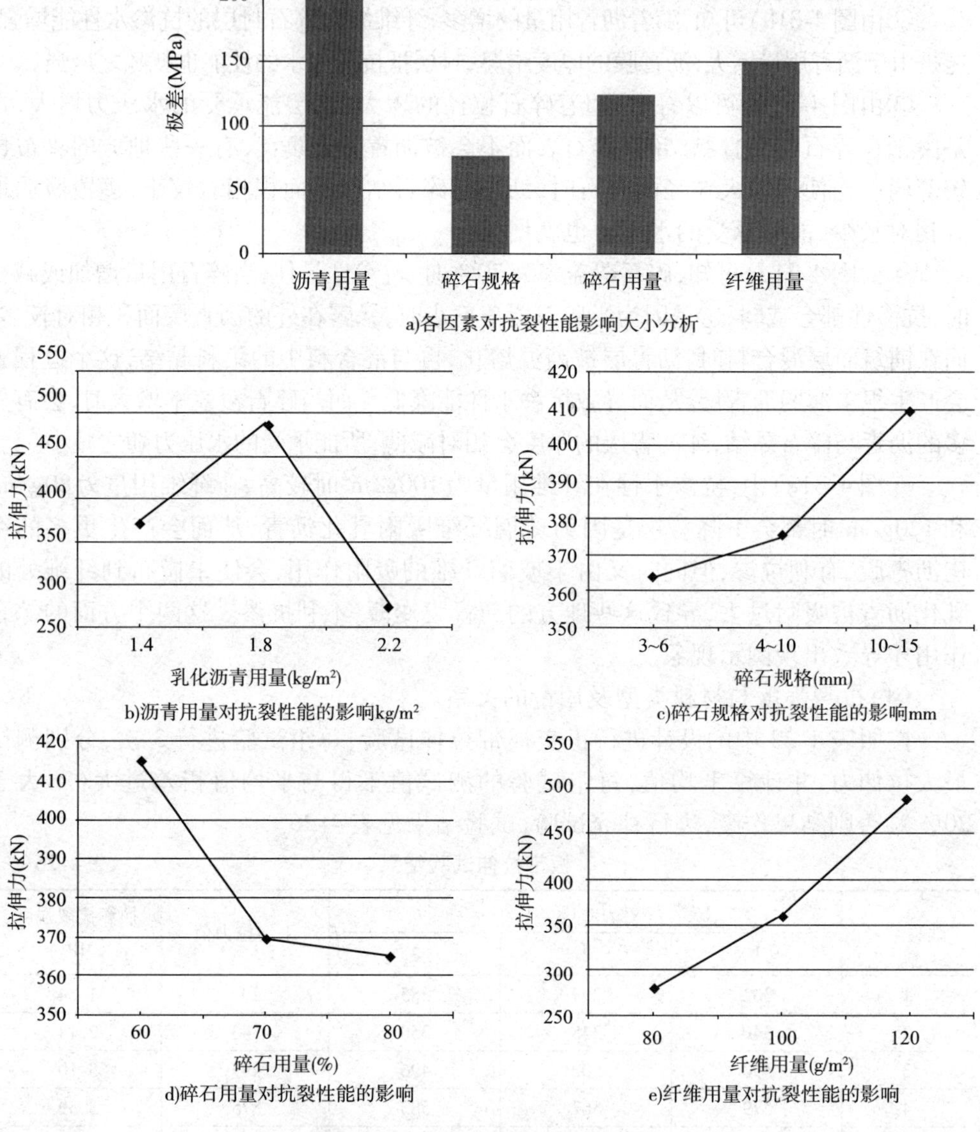

图 4-32 正交试验抗裂性能指标分析图

通过对图 4-32 的分析可知:

①乳化沥青用量对抗裂性能的影响最显著,其次是玻璃纤维的用量,碎石规格和碎石撒布量对应力吸收层的抗裂性影响相对较小。

②从图 4-32b)中可知,抗裂强度不是随沥青用量的增多而增大,而是存在一

个峰值，当沥青用量为1.8kg/m^{2}时抗裂性能较强，沥青用量减少或增多时，抗裂性能都会有所下降，这是因为结构中玻璃纤维被沥青浸润，形成一个网状体系，有利于抗裂，并且沥青与碎石黏结产生结构沥青，使抗裂性能进一步增强，当乳化沥青用量为1.8kg/m^{2}时，结构沥青分布状态最佳，当沥青用量减少时，结构沥青量不足，当沥青用量增多时，结构沥青被自由沥青隔开，抗裂性能减弱。

③图4-32c）反映了抗裂性能随碎石粒径的增大而变强，这是因为碎石粒径越大，与沥青黏结的总面积就小，吸附的沥青就少，就会又有更多的沥青与玻璃纤维浸润在一起，形成抗裂性能更好的结构。

④与图4-32c）中的原因一样，图4-32d）中碎石用量越多，与玻璃纤维结合的沥青就相对减少，抗裂性能就减弱。

⑤玻璃纤维浸润了沥青后，形成网状体系，它是纤维沥青碎石封层用作应力吸收层优越性的一个重要体现。一般来讲，纤维用量越多，纤维沥青网就越强大，结构的抗裂性能就越强，图4-32e）正反映了这种结果。

4.5 小结

（1）在纤维封层成型3天内进行斜剪试验，乳化沥青含量多的封层层间剪切应力小于乳化沥青含量少的层间剪应力。

（2）纤维含量在0～100g/m^{2}变化时，除了纤维含量在80g/m^{2}时，层间的剪切强度出现小范围的峰值之外，纤维封层层间的剪切强度随纤维用量的增加而减小；纤维使纤维封层的层间剪切强度降低，最小值是最大值的64%左右。当纤维含量增加到110g/m^{2}时，层间的剪切强度明显上升，纤维用量增加到120g/m^2，层间的剪切强度又呈现下降的趋势。纤维含量对破坏面几乎没有影响，破坏面是封层与原路面之间破坏。

（3）纤维封层层间的拉拔应力和纯剪切应力随着纵横单一裂缝宽度的增加而不断的减小。施工前对宽度大于4mm的纵横裂缝进行填封是必要的。

（4）随着十字形裂缝宽度不断地增加，裂缝宽度在11mm时，层间的拉拔强度出现一次峰值，之后层间的拉拔强度随裂缝宽度的增加而减小。层间的剪切应力随裂缝宽度的增加出现波动，层间剪切应力的整体变化趋势是随裂缝宽度的增加而不断的降低。

（5）纤维封层层间的拉拔强度随米字形裂缝宽度的增加先增加后减小，当裂缝宽度为16mm时，层间的拉拔强度达到最大值。层间的剪切强度随裂缝宽度的增加而不断的减小，最小值是最大值的75%左右。

（6）在裂缝宽度相同的条件下，裂缝类型对纤维封层层间黏结性能影响大小顺序为:十字形裂缝 > 纵横裂缝 > 米字形裂缝。施工前对网裂较严重的路段实施裂缝填封处理尤为重要。

(7)麻面对纤维封层层间的拉拔强度影响较小,比无麻面的路面层间拉拔强度大;麻面使层间剪切强度降低。纤维封层施工时适当的调整乳化沥青用量可以提高层间的黏结强度。

(8)玄武岩纤维明显改善了沥青混合料的路用性能,尤其在高温稳定性、低温抗裂性和疲劳性能方面,效果极为显著,与不加纤维的沥青混合料相比,高低温性能提高幅度各约 80%,疲劳寿命提高了 170%。

(9)在沥青混合料中加入玄武岩纤维,可以明显增强沥青混合料浸水和冻融循环后的强度,残留稳定度和残留强度比均有所提高,远超出规范要求值,表现出较好的水稳定性能。同时,GBF®极低的吸水率,避免纤维沥青界面因水分浸蚀膨胀,保证路面具有长期良好的耐水损害能力。

(10)在沥青混合料中加入玄武岩纤维,既可以提高抗拉强度又可以增大弯拉应变,达到最大应力后,仍能在较大的应变范围内维持较大的应力,表现出较好的力学性能。与聚酯纤维和木质素相比,弯曲试验的 GBF® 小梁出现裂缝时间较晚,裂缝发展缓慢,或者在达到设置的最大变形值时,还未出现明显裂缝。

(11)在 SMA 中掺加复合纤维,不同的添加方式对混合料性能影响较大。先加 0.2% GBF® 与集料搅拌混合再加 0.1% 木质素混合,这种拌和方式增强 SMA 级配混合料的耐水损害能力效果突出,在高温稳定性、低温抗裂性和力学性能方面稍逊于添加 0.3% GBF®,在没有特别水稳性能要求的路面,可采用直接掺加 0.3% GBF®方法,方便快捷,同时可获得较好的路用性能。

(12)根据应力吸收层在路面结构中的位置以及所起的作用,提出了纤维沥青碎石应吸收层包含层间黏结、抗裂、防水等性能的配合比设计指标体系,并开发和引进了清扫试验、加压渗水试验、板带拉伸试验等新型配合比设计试验。

(13)研究了纤维沥青碎石应力吸收层路用性能影响因素,通过正交设计,进行了配合比设计试验,分析了各项因素对配合比设计指标的影响水平以及影响规律:随着沥青用量的增加,抗剪切强度和抗渗水性能均增强,而抗裂性能先增大后减小;随着碎石粒径的增大,抗渗水和抗裂性能均增强,而抗剪切性能先增大后稍减小;随着碎石用量的增多,抗剪切和抗裂性能都随之减小,而抗渗水性能先增强后减弱;随着纤维撒布量的增多,抗剪切强度先减小后增大,抗渗水性能先增强后减弱,抗裂强度随之增大。

5 试验路施工工艺及质量评定标准研究

5.1 施工工艺

纤维封层的施工工艺流程,如图5-1所示。

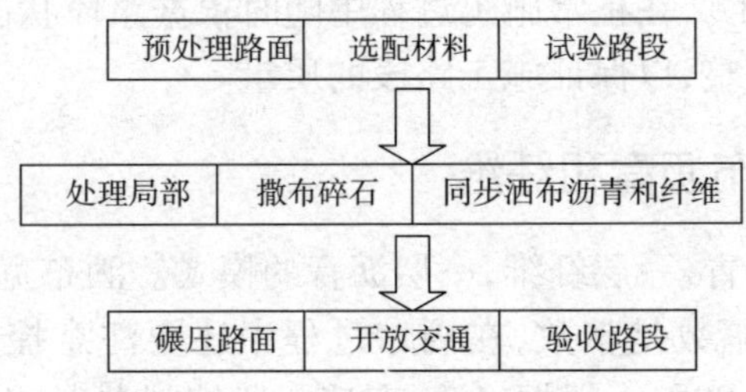

图5-1 纤维封层的施工工艺流程图

5.1.1 预处理路面

对路面进行预处理主要包括强度确认和平整度确认。前者主要是补强部分强度不够的路段;后者是指对旧沥青路面中的拥包进行铣刨,对坑槽进行修补,对路面中的裂缝用乳化沥青或灌缝料进行灌缝。

5.1.2 选配材料

纤维封层材料的选择主要是依据封层的类型,对于某一种封层形式,各种材料的选配量和材料的规格主要是通过试验路段的铺设来确定。

(1)改性乳化沥青。乳化沥青主要是用来保证骨架与原路面、骨料与骨料之间的黏结,因此乳化沥青必须具有足够的黏结性。同时为了保证压实的效果,乳化沥青还必须具备一定的流动性。

(2)纤维。纤维封层车具有切割纤维的功能,切割的纤维有30mm、60mm和120mm 3种。通常使用的是60mm的纤维。纤维的用量与路面的状况、施工类型、路面龟裂程度有关。龟裂越严重,纤维用量越大。作为应力吸收中间层施工比作为磨耗层施工使用的纤维量要大。

(3)碎石。常用的碎石种类主要有石灰岩、花岗岩和玄武岩,级别分别为:

4/6mm、6/10mm、10mm/14mm。对应力吸收中间层和磨耗层施工,以上3种类型的碎石均可采用。根据经验,应力吸收中间层施工常采用4mm/6mm碎石级配通用类型,而磨耗层施工常采用6mm/10mm碎石级配通用类型。

(4)抗剥落剂。抗剥落剂是选配项,是否使用主要根据石料的酸碱性确定。一般酸性石料需要添加一定量的抗剥落剂而碱性石料可不添加。对酸性石料,抗剥落剂的添加量一般为沥青质量的30%。

5.1.3 试验路段

首先技术人员按各种配料的数量设定纤维封层设备的参数,然后,试铺设一段距离,接着对铺设路段进行相关检测,调整配料数量和设备参数,直到满足施工要求,然后进行长距离施工。在正常施工过程中随时根据路段状况和铺设的效果,对设备参数进行适当的调整,以保证施工路段的质量。

5.1.4 同步洒布沥青和纤维

洒布顺序是一层沥青,一层纤维,一层沥青的模式。洒布宽度要根据施工的宽度进行调整,确保施工幅数是整数,在洒布过程中还要注意控制沥青的温度和车速。沥青温度必须高于80℃。根据经验,车速一般控制在3~4.5km/h。纤维投放见图5-2。

图5-2 纤维投放

5.1.5 撒布碎石

碎石撒布车续接跟进纤维封层设备进行碎石撒布,碎石撒布的宽度要和沥青洒布的宽度相匹配,同时,撒布车的行进速度要与封层车的速度相匹配。

5.1.6 处理局部

针对施工过程中的接缝,每车料的起点、终点等要进行人工处理,对设备施工过程中出现的部分瑕疵点,如过厚或者过薄的地方,也要进行人工修补。

5.1.7 碾压路面

经过撒布碎石的路面，要求立即用 6 ~ 8t 的胶轮压路机进行碾压 2 遍以上，碾压速度控制在 2 km/h 以内，现场摊铺见图 5-3。

a)摊铺

b)碾压

图 5-3　现场摊铺和碾压

5.1.8 开放交通

对经过碾压的路面，在乳化沥青完全破乳后约 20min 即可通车，但车速必须限制在 40 km/h 以内，大约 1 h 后可解除车速限制。

5.2 质量评定标准

5.2.1 外观鉴定

表面平整密实，不应有泛油、松散、剥落、损坏、油包等现象，有上述缺陷的面积之和不超过受检面积的 0.2%。表面无明显碾压轮迹。接缝平顺，沿线构造物无污染。

5.2.2 验收指标

封层的质量验收指标包括外观质量、厚度、平整度、宽度、石料剥落、构造深度、摩擦系数摆值、渗水系数等。一般情况下，可按表 5-1 所示的标准进行检查及验收。

封层质量验收指标　　表 5-1

检查项目	检查频度	质量要求或允许误差	试验方法
外观	全线	密实，不松散	目测
厚度	每 200m 1 点	5mm	钻芯

续上表

检查项目	检查频度	质量要求或允许误差	试验方法
平整度	每1km 10处,各处连续10尺	4.5mm	3m直尺
宽度	每1km 20个断面	<设计宽度	卷尺
石料剥落	每1km 4点	<5%	现场测值
构造深度	每1km 5点	≥0.55mm	铺砂法
摩擦系数摆值	每1km 5点	≥45	摆式仪
渗水系数	每1km 1点	≤5mL/min	变水头渗水仪

5.3 小结

(1)在纤维沥青碎石应力吸收层施工前,对基层表面进行预处理,整平基层表面,将基层表面上的泥土、松散粒料、杂草、油污以及任何其他有碍施工的物质加以清除,这对保证纤维沥青碎石应力吸收层的施工质量至关重要。

(2)在喷洒沥青和纤维以及撒布碎石时,应注意控制施工机械参数,根据材料用量及机械特性设置洒(撒)布速度。

(3)在碾压前,采用人工对碎石撒布不均匀的区域进行摊平,清除多余碎石,应选用胶轮压路机进行碾压(6~8t),一般碾压2~3遍,碾压初始速度不宜超过2km/h,以后可适当增加。经稳压后的碎石颗粒浸入沥青深度为粒径的一半为宜。

6 纤维封层试验路性能的长期观测与经济性分析

对试验路性能进行长期观测，总结纤维封层技术的优缺点和适用性，并对其经济性进行评价。

6.1 纤维封层技术的优缺点和适用性

6.1.1 纤维封层技术的优点

纤维封层技术的优点有以下5点：

(1)良好的应力吸收和分散能力。

具有网络缠绕独特结构的纤维封层，由于纤维本身高抗拉伸强度和高弹性模量值的特性，有效地提高了封层的抗拉、抗剪、抗压和抗冲击强度。利用纤维封层进行应力吸收中间层(SAMI)施工，铺设于旧沥青面层与新沥青面层或新建路基和新建沥青面层之间的纤维封层黏结层，兼具极高的张力与弹力，加之独特的结构，对外界应力具有超强的吸收和分散功能：一方面它能够吸收摊铺层中的应力或车辆荷载产生的局部集中应力，重新分散和分布。通过纤维封层大面积的分散减少了覆层所承受的张力并有效抑制了裂缝的产生；另一方面它能够吸收和分散旧沥青路面原有裂缝或路基的反射应力，消除旧沥青路面裂缝尖端产生的应力集中，能够有效地抑制反射裂缝出现，有效阻止了因车载负荷过重造成的路面破坏，极大地提高了道路的使用寿命。

(2)高防水性。

纤维封层具有高弹性模量值，延伸率强，所以其抗拉强度远远大于温度变化所引起的拉应力和拉应变，降低了面层的低温脆裂性，抑制了沥青路面常规裂缝——低温收缩裂缝的产生和延展，起到了防水的效果。沥青纤维碎石封层是由1层沥青+1层纤维+1层沥青+1层碎石形成的物料相互作用的致密网络缠绕结构。2层沥青的连续洒布，提高了封层的密闭性，纤维起到加筋和桥接作用，在原有路面上形成一层致密的保护膜。因此，该封层具有很好的防水性能，更好地防止道路因水损害造成的早期破坏。

(3)高耐磨性纤维封层。

高耐磨性纤维封层施工后,在上面集中撒布的碎石层经过碾压后,形成了复杂的力学嵌锁体系,能够有效抑制骨料的滑移和脱落。因此,纤维封层施工路面具有高耐磨性。纤维封层设备施工后,紧接其后进行碎石集料撒布,撒布后的集料进入由纤维与沥青结合料形成的网状结构中,压实成型后集料被结合料网状结构紧紧裹覆,形成了一个复合的力学嵌锁体系,有效地限制了骨料的滑移、脱落。因此,采用沥青纤维碎石封层,提高了路面的耐磨性,有效地延长了路面的使用寿命。

(4)高稳定性。

纤维封层的施工过程是连续洒布一层沥青、一层纤维和一层沥青,再撒布一层碎石的过程,形成的施工层具有致密网络缠绕结构,两层沥青的洒布还大大增加了封层的密闭性,中间的纤维起到加筋和桥接作用,并对沥青有吸附作用增加了沥青的黏度和黏附力,使路面表面形成了一层致密的保护膜,从而起到了高温稳定、增韧阻裂的作用。

(5)施工高效性。

纤维封层施工是在一台设备上同时完成两层沥青洒布、一层纤维撒布。沥青、纤维洒(撒)布后,马上跟进一层碎石撒布,即刻完成纤维封层施工。纤维封层耐磨层施工后,乳化沥青破乳后 15min 即可开放交通。这种高效的施工工艺也证明了纤维封层是一种先进的道路养护技术。

综上所述可概括如下:封闭路表面的微小裂缝、防止雨水渗入下面层或基层。防止沥青面层疲劳破坏,提高路面抗滑与耐磨性能。延迟既有路表面的老化及减少集料松散。较好地成本收益。施工快捷、对道路交通的影响程度较小。纤维碎石封层不仅具有普通碎石的基本性能,在提高防水性能、低温抗裂及防止反射裂缝等方面具有更强的优越性。抗拉强度,抗疲劳性能以及抗车辙性能都有大幅提高。

6.1.2 纤维封层技术的缺点

纤维封层技术的缺点主要有以下 4 点:

(1)适用范围受限。

与碎石封层一样,纤维碎石封层一般适用于低、中交通量道路,在高交通量道路上其性能将受到影响,不适合于特低或特高交通量等级。主要表象为集料散失和泛油。

(2)交通安全方面。

由于乳化沥青破乳、凝结速度较慢,尤其在高湿天气里施工,必须经过几个小时时间(与气候、气象条件相关)才能使沥青与碎石之间的黏结性能满足开放交通的条件,对车辆通行和交通安全管理造成一定的影响。另外,纤维碎石封层一般均存在过剩的碎石集料，在车辆轮胎的冲击、吸附作用下会引起松散碎石集料的飞扬，对过往车辆的风窗玻璃及车身造成损害，必须在开放交通前专门进行清除。

（3）路面噪声方面。

纤维碎石封层路面比较粗糙（尤其是当集料尺寸较大时），比普通沥青混凝土路面具有更大的轮胎噪声。

（4）日常养护方面。

碎石封层路面构造深度较大，外观比较粗糙，容易沉积泥土、灰尘和降雪等，给日常养护清扫保洁以及冬季除雪防滑等工作带来不利影响。

6.1.3 纤维封层技术的适用性及适用范围

纤维封层技术主要适用于基层和面层具有一定的强度、平整度较好、路面破损率较低的路面，不适用于年久失修、超期服役、交通量大、路面病害严重需大修的路段。纤维封层技术对气候条件要求严格：当气温达到7℃并且持续上升时，允许进行施工，但当气温达到10℃并且持续下降时，不允许进行施工。雨天应尽量避免施工作业。

纤维封层不仅应用于新建路面的下封层施工，起到良好的防水作用，同时还可对原沥青路面进行养护处理。沥青路面的常规病害主要有裂缝、麻面松散、坑槽、沉陷和翻浆等，应针对各种病害产生的原因、路面结构类型和维修季节的气候特点等情况，针对不同的病害采取不同的处治方式。

路面下沉、翻浆主要是由于基层结构遭破坏、路基沉陷、面层不均匀沉陷引起的裂缝和下沉，针对此类路面应该进行开槽处理后填补相应的混合料，然后再做纤维封层。

由于路面基层温缩、干缩引起的纵横向裂缝，缝宽在6mm以内的，宜将裂缝的缝隙用铁刷子刷扫干净，并用压缩空气吹去沙尘后，采用专门的灌缝材料封堵，最后做纤维封层。

（1）纤维封层技术对路况和结构的要求 。

对实施纤维封层的路段，要求基层和面层具有一定的强度，平整度要好，路面破损率要低。对于年久失修、超期服役、交通量大、路面病害严重急需大修的路段，不适合用纤维封层养护；适用于大修路段的基层和面层之间、路基强度好的旧沥青路面与上面加铺层之间用作应力吸收中间层，用以吸收和分散应力，阻止路基裂缝或旧路面的裂缝反射到上覆层；适用于基层强度好、出现轻微的龟网裂现象需要中修改造的老路面用作磨耗层，能预防并抑制裂缝继续扩延，并且起到路面防水防滑的作用。

（2）纤维封层技术对地域条件和气候条件的要求。

借鉴国外对纤维封层技术的广泛应用，纤维封层技术适用于各个国家和地区，但对气候条件要求却十分严格。当气温达到10℃并且持续下降时，不允许进行施工;在气温达到7℃并且持续上升时,允许进行施工。尽量避免雨天施工作业。

(3)纤维封层技术对施工设备及材料的要求。

纤维封层施工需要的机械包括:纤维封层设备、纤维封层施工相关配套设备、30t以上保温沥青罐车、$10m^3$以上碎石撒布车、50t级装载机、胶轮压路机各1台以及路面清扫工具等其他小型机具。施工原材料为改性乳化沥青、玻璃纤维以及碎石等。

纤维封层技术的应用范围归纳有5点:①新/旧沥青路面铺设耐磨层;②新建路基、面层层间黏结应力吸收层;③各等级公路下封层施工;④旧水泥路面改造;⑤桥面防水层施工。

6.2 纤维沥青碎石封层经济效益分析

纤维沥青碎石封层预防性养护新技术优于同类传统养护技术,但要在本地乃至全国进行推广,还必须分析其是否具有显著的经济效益和社会效益。一项新技术的经济效益及价值主要包括单价优势、大面积推广价格优势和社会成本优势。前面已经论证了纤维沥青碎石封层路用技术性能上的优势,这里将分析用于浙江地区的纤维沥青碎石封层的经济价值优势,进而为这项新技术的大面积推广提供重要的依据。

6.2.1 经济效益分析方法

常用的经济效益分析方法有生命周期费用法、费用—效益率分析方法及等效年度费用法。

(1)生命周期费用法。

生命周期费用法是一种实现工程项目全生命周期(包括建设前期、建设期、使用期、翻新与拆除期等阶段)总费用最小化的方法。

(2)费用—效益率分析方法。

费用—效益率分析方法是指在对公路项目评价期限内,各年的经济效益现值总额与各年的经济费用现值总额对比,其经济含义是:每万元的投资经济费用能获得多少经济效益,是对项目进行国民经济评时的重要指标之一。

(3)等效年度费用法。

通过计算单位成本与期望寿命之间的比值来确定所选择的预防性养护技术是否具有费用效益。通过综合比较,研究选用“等效年度费用法”分析纤维沥青碎石封层预防性养护技术的费用效益。

6.2.2 与同类技术经济效益对比

(1)由于纤维沥青碎石封层黏结材料使用的是改性乳化沥青,而改性乳化沥青在经济性方面存在以下3个方面的优点：

①冷态施工，优于传统养护技术。与热沥青相比，改性乳化沥青可以在常温下冷态施工作业。纤维沥青碎石封层技术就是将改性乳化沥青与纤维同时从撒布机中喷洒出来，形成1层改性乳化沥青+1层纤维+1层改性乳化沥青的层状体系，青碎石封层可以在短时间内破乳、再将碎石撒布在上面，经过碾压即可。由于纤维沥青凝结、硬化形成封层可以在不封闭交通的情况下对旧路面进行养护，这种新技术是传统养护技术无法比拟的。因此，纤维沥青碎石封层技术在道路的养护中有着广阔的前景，同时也可以用于高等级公路沥青路面下封层。由于改性乳化沥青可以在常温下施工作业，可以与潮湿的集料拌和，所以，使用改性乳化沥青可以在较低温度（50~100℃）下施工，延长施工季节。随各地区气候条件的不同，1年内可以延长1~4个月。

②能耗降低，优于传统养护技术。使用纤维沥青碎石封层能耗降低，节省能源。使用热沥青铺筑道路时，需要消耗大量的能源对沥青和矿料进行加热。改性乳化沥青可以在常温下保存、运输和使用，不需要加热。生产改性乳化沥青时，只需对沥青一次加热，沥青的加热温度为1300~1400℃，比热沥青温度降低400~500℃。扣除改性乳化沥青生产时乳化剂的成本、相关能源消耗以及运输费用的差价，改性乳化沥青的能耗仍然要比热沥青低得多。据统计，用改性乳化沥青筑养路比用热沥青可节约热能50%以上。

③减少环境污染，优于热沥青。在道路建筑和养护中使用改性乳化沥青能大大减少对环境的污染。监测结果表明，改性乳化沥青车间的有害物质比热沥青车间大大下降，其中致癌物质苯并芘下降7.4倍，酚下降136倍，总烃下降9倍，均低于国际环境保护要求标准。改性乳化沥青生产时物料是在封闭系统中流动，产品在常温下是液态，在使用时均为冷态拌和或喷洒，产生的有害挥发物很少，对周围环境影响很小。由于环境条件的改善，施工条件也得到了改善。

国外经过多年的实践已形成了多种比较成熟的预防性养护措施，包括稀浆封层、微表处、碎石封层、复合封层、超薄磨耗层、灌缝、封缝、雾状封层、纤维沥青碎石封层等。这些措施与当地的工程条件和养护水平紧紧相连。我国的预防性养护措施可以参考国外的研究和应用成果，着重研制适合于国内特点的措施。例如在浙江地区的公路养护中，根据可获得的原材料、施工机械和技术单位，目前可以推广应用的预防性养护措施主要有稀浆封层、微表处、碎石封层、纤维沥青碎石封层、薄热拌沥青混凝土加铺层、灌缝、雾封层和沥青再生剂等。

（2）预防性养护措施采用了纤维沥青碎石封层，该技术是将改性乳化沥青和纤维同时从撒布车上撒布，形成1层沥青+1层纤维+1层沥青，在给其上撒布一层碎石，经过压路机的碾压即可。该技术不仅可以很好地解决原路段的病害，使其在功能上得到恢复，结构上得到补强，降低了造价，同时对交通干扰也小。下面从施工工期、环境保护、交通安全3个方面进行阐述。

①施工工期。如果使用传统的预防性养护措施，比如使用薄层罩面技术，从施工开始到结束，需要大约3天的时间，相对于预防性养护技术来说，这样已经大大地延长了开放交通的时间。而采用纤维沥青碎石封层技术，改性乳化沥青在施工前已经生产，只需将纤维和改性乳化沥青加入到撒布车即可进行施工，在经过撒布碎石，压路机碾压，封闭交通3h即可开放交通，相对传统养护技术方案，大大提前了开放交通的时间。

②环境保护。纤维沥青碎石封层中采用改性乳化沥青作为黏结料，避免了废渣的清运引起的环境污染，减少了道路施工过程中的扬尘污染和废气排放，极大地降低了能源消耗及运输车队给路网带来的损伤，且施工噪声较小。纤维沥青撒布车具有封闭式自动控制系统，可以自行调节配比、防止粉尘飞扬。该养护技术具有更为显著的经济效益和社会效益。

③交通安全。纤维沥青碎石封层施工过程中整个封层车组均处于同一条车道内，对于双车道公路白天可以仅进行半幅施工，到了晚上，包括封层施工完毕的另半幅车道在内的整条公路可全部开放交通。无论是市区或是其他公路，半幅车道施工，且如此短时间内施工完毕开放交通，不仅保证了交通顺畅，而且极大地减小了道路施工的安全隐患。

6.3 小结

(1)采用现值法进行寿命周期费用分析，比较了纤维沥青碎石应力吸收层、聚酯玻纤布应力吸收层以及热沥青碎石应力吸收层的总投资现值，证明采用纤维沥青碎石应力吸收层可以节省投资，是最经济的修筑方案。

(2)从环境成本的角度分析了纤维沥青碎石应力吸收层经济效益，证明纤维沥青碎石封层与普通封层技术相比，能够节约能源，保护环境。

(3)纤维沥青碎石应力吸收层施工工艺简便，连续施工，施工周期短，减少了很多由于施工不连续，施工周期长等因素导致的病害，比如施工质量不连续、层间污染等，保证了层间处置的质量。

(4)纤维沥青碎石封层是最先在国外使用的先进技术，尽管有一定的缺点和局限性但是优点十分明显，将其引入我国，并针对我国的气候、交通特点，使其更加适用于我国道路工程，从而能够发挥更加优良的路用效果，这种引进模式为更多新技术的引进应用起到了一定的指导作用。

参考文献

[1] 中华人民共和国行业标准. JTG D50—2006　公路沥青路面设计规范[S]. 北京:人民交通出版社,2006.

[2] Collins J H. Making pavement maintenance more effective[J]. Journal of Association of Asphalt Paving Technologists,1994 (8).

[3] 中华人民共和国行业标准. JTG D40—2004　公路沥青路面施工技术规范[S]. 北京:人民交通出版社,2004.

[4] 刘贤惠,武泽锋,李巍,等. 同步碎石封层技术简介[J]. 东北公路,2003(01):28-45,159-163.

[5] Bissada A. F. Pavement Preservation in the United States [Z]. Transportation Research Record, 1999.

[6] 唐承铁. 同步沥青碎石封层在高速公路建设和养护中的推广应用研究[J]. 湖南交通科技,2008(01):71-79.

[7] Ruckel P. J, Acott S. M. Maintenance technical advisory guide[Z]. State of California Department of Transportation,2003.

[8] Boardman J H, Meyer M D, Skinner R E, et aLChip Seal Best Practice[R]. Washington, DC:Transportation Research Board,2005.

[9] 陈素丽,许福文,李桂芝. 同步碎石封层技术研究及在公路养护中的应用[J]. 公路,2005(06):12-18.

[10] 交通部公路科学研究院. 微表处和稀浆封层技术指南[S]. 北京:人民交通出版社,2006.

[11] 中华人民共和国行业标准. JTG E42—2005　公路工程集料试验规程[S]. 北京:人民交通出版社,2005.

[12] 张存公同步封层施工中碎石与沥青用量探讨[J]. 筑路机械与施工机械化,2009(01):8-50.

[13] 顾海荣. 碎石封层中沥青和碎石用量的计算方法[J]. 公路,2008(04):83-147.

[14] Dennis C Jackson, Newton C Jackson, Joe P Mahoney. Washington State Chip Seal.

[15] 戴建华,张占军,侯芸,等. 同步碎石封层技术在公路预防性养护中的应用研究[J]. 内蒙古公路与运输,2007(03):140-156.

[16] 李坤. 纤维封层力学性能试验研究[D]:[学士学位论文]. 大连:大连理工大学,2008 12:34-57.

[17] Samuel Labi, Kumares C. Sinha. Effectiveness of highway pavement seal coating treatments. Journal of Transportation Engineering(ASCE), 2004, 130 (1): 14-23.

[18] 孙凌,杨扬. 沥青路面车辙产生的原因及防治措施[J]. 交通科技与经济, 2003,5(1):4-5.

[19] 王燕芳. 合肥市道路交叉口沥青路面车辙防治研究[D]:[硕士学位论文]. 南京:东南大学,2009.

[20] Dr. Louay Mohammad. Investigation of the behavior of asphalt tack coat interface layer. LTRC Project Capsule 00-2B, 2002. 8.

[21] Witczak, M. W., Kaloush, K. Simple Performance Test For Superpave Mix Design [R]. Transportation Research Board NCHRP Report 465. National Research Council, Washington, D. C., 2001.

[22] NCHRP. Simple Performance Test for Superpave Mix Design: First-Article Development and Evaluation(Project D09-29 FY'01), NCHRP REPORT 513, Transportation Research Board, 2003.

[23] 衡水路桥有限公司,等. 玄武岩纤维系列加筋沥青混凝土性能研究[D]. 2011,4.

[24] 叶鼎诊. 玄武岩纤维与玻璃纤维的比较[J]. 上海建材,2006(第六期).

[25] 李红涛. 玄武岩纤维在沥青混合料中的研究应用研究[D]. 河南工业大学, 2011,5:41-44.

[26] 陆飞. 纤维沥青碎石应力吸收层配合比设计及作用机理研究[D]. 西安:长安大学,2011.

[27] 罗吉,李自光,陈跃斌. 纤维封层技术及设备[J]. 中外公路,2011, 31 (1).

[28] 杜隽,李玉华. 纤维封层技术在公路养护中的应用研究[J]. 山西建筑,2009, 35 (6).

[29] 刘军收,范晓燕. 沥青纤维碎石封层在路面预防性养护中的应用[J]. 公路, 2011,(7).